"十三五"江苏省高等学校重点教材（编号：2018-2-191）

装配式建筑丛书

预制构件生产与质量管理

阎长虹　黄天祥　黄慧敏　主编

科学出版社

北京

内容简介

本书根据当前我国装配式建筑行业需求，系统地介绍装配式建筑的预制构件生产工艺、质量控制与管理及其运输等控制要点。全书共8章，主要包括预制构件制作工厂的设计、布置原则和要求、模具设计与制作的基本理论和控制要点、常用的预制构件生产原材料及特性、各种材料入厂检验及试验方法、预制构件制作工艺流程及具体的制作方法、构件运输及质量检验等内容，较全面地介绍了目前国内外装配式建筑的预制构件生产制作较为成熟的工艺流程。

本书可作为土木工程、建筑工程、结构工程等相关专业本科生教材，也可供预制构件生产、建筑设计及施工等相关行业的技术人员参考阅读。

图书在版编目（CIP）数据

预制构件生产与质量管理/阎长虹，黄天祥，黄慧敏主编. —北京：科学出版社，2020.6

（装配式建筑丛书）

“十三五”江苏省高等学校重点教材

ISBN 978-7-03-065187-7

Ⅰ. ①预…　Ⅱ. ①阎…　②黄…　③黄…　Ⅲ. ①预制结构－装配式构件－生产管理－质量管理－高等学校－教材　Ⅳ. ①TU3

中国版本图书馆CIP数据核字（2020）第085882号

责任编辑：李涪汁　石宏杰 / 责任校对：杨聪敏
责任印制：张　伟 / 封面设计：许　瑞

科学出版社出版
北京东黄城根北街16号
邮政编码：100717
http://www.sciencep.com
北京凌奇印刷有限责任公司 印刷
科学出版社发行　各地新华书店经销
*
2020年6月第　一　版　开本：787×1092　1/16
2023年5月第三次印刷　印张：13 3/4
字数：326 000

定价：89.00元

（如有印装质量问题，我社负责调换）

《预制构件生产与质量管理》编委会

主　编： 阎长虹　黄天祥　黄慧敏

编　委：（按姓氏笔画排序）

马天海　马庆平　王志良　王艳芳　申振威

朱健雄　刘　静　孙　娟　杨伟伟　易新亮

钱晓旭　黄锦波　盖雪梅　梁键深　燕晓莹

戴　鹏　魏林宏

丛 书 序

装配式建筑作为国家战略性发展重点，是传统建筑业向产业化转型的新型产业。2013年以来，国家已经出台了各项关于建筑产业现代化发展的政策和文件，推动装配式建筑产业化的发展。但是装配式建筑产业尚处于起步阶段，人才的缺乏是行业推进建筑产业现代化的一大瓶颈。目前，建筑类高校还没有完善的装配式建筑人才培养方案及相应的教材，所以，高校毕业生还不熟知装配式建筑，致使装配式建筑管理人才、技术人才、高技能人员及科研创新人才缺口大。可以预计在未来相当长的一段时间内，装配式建筑人才培养将是服务和推动建筑产业化发展的核心工作之一。

南京大学作为中华人民共和国教育部直属的全国重点大学、世界一流大学建设高校（A类），南京大学金陵学院作为国内一流的应用型本科高校，承担着为国家培养土木建筑行业急需人才的重要任务和使命。南京大学、南京大学金陵学院与装配式建筑技术先进的企业单位——香港有利集团签订装配式建筑人才培养发展战略合作协议，于2016年启动了装配式建筑系列教材的建设工作，旨在系统地编写能够全面反映当前装配式建筑发展的先进工艺、管理技术和适应现代教育教学理念的系列教材，为培养装配式建筑人才提供保障。装配式建筑系列教材包括《装配式建筑结构设计》《预制构件生产与质量管理》《装配式建筑施工技术》《装配式建筑连接接口技术》四本，内容涉及建筑结构设计及拆分理论、预制构件生产工艺及管理技术、装配式建筑施工工艺及管理技术、装配式建筑的核心连接技术等方面，汇聚了当前先进的装配式建筑的生产、施工理论和经验，注重设计原理、工艺方法及管理体系的介绍，突出工程应用及能力培养。希望本系列教材的出版能够起到服务和推动建筑产业化发展的积极作用，为我国装配式建筑产业化的创新型应用人才培养和技术进步贡献力量。

2020年4月

前　言

2016 年 9 月，国务院办公厅印发的《关于大力发展装配式建筑的指导意见》提出，力争用 10 年左右的时间，使我国装配式建筑占新建建筑面积的比例达到 30%，这就要求我们要用 10 年时间走完欧美国家半个多世纪的路。装配式建筑是建筑建造方式的重大变革，是建筑产业化和现代化的必由之路。装配式建筑具有质量好、节能环保、缩短工期、节约人力等显著的优势，相比传统现浇建筑，装配式建筑可缩短施工周期 25%～30%，节水约 50%，节约木材约 80%，减少建筑垃圾 70%以上，并显著降低施工粉尘和噪声污染。要发展装配式建筑就必须要有相应的专业技术人员、技术工人和懂行的管理者。目前装配式建筑还处于刚刚起步阶段，需要加快装配式建筑高层次技术人才的培养，同时逐步完善其技术标准和监管体系，这就需要有装配式建筑相关教材，《预制构件生产与质量管理》这一教材正是在这一背景下编写完成的。

装配式建筑的板、梁、柱、墙、楼梯及集成厨房、卫生间等大量部品部件都是工厂生产预制的，显然预制构件是装配式建筑的核心，装配式建筑要实现高质量快速发展的关键在于预制构件的设计和生产标准化。

南京大学、南京大学金陵学院与香港有利集团合作，多次组织有关教师到香港有利集团下属预制构件生产厂及建筑施工现场学习，同时参加国内相关单位举办的装配式建筑技术培训班，在此基础上，编写人员汲取企业先进成熟的装配式建筑构件生产经验，经不断总结学习和提升，编写了《预制构件生产与质量管理》的初稿，并率先用于南京大学金陵学院土木工程专业学生的装配式建筑教学中，同时为社会上从事装配式建筑的有关技术人员进行技术培训所使用。在此基础上，编写人员又进一步总结、完善和提炼，完成了《预制构件生产与质量管理》的定稿。本书是装配式建筑系列教材其中一本。本书以预制构件的生产与质量管理为主要内容，重点介绍预制构件生产体系、工艺，模具的设计与制作，生产材料的选择与配置，构件生产材料的采购与存储，预制构件混凝土配合比设计与制作及预制构件质量检验的内容和方法，预制构件吊运、堆放和运输过程中需要注意的关键性问题等。

本书由阎长虹、黄天祥、黄慧敏任主编，确定全书的章节安排，把控整本书的编写思路及质量。全书共 8 章，其中第 1、2 章由杨伟伟等编写，第 3～6 章由刘静等编写，第 7、8 章由燕晓莹等编写。在本书编写过程中，有利华建筑产业化科技（深圳）有限公司、有利华建材（惠州）有限公司为本教材提供大量实际工程案例、照片及其他相关资料；东南大学刘松玉教授、香港有利集团相关领导及负责人申振威、王志良、梁键深、易新亮、黄锦波等进行了审阅，给予了技术指导。南京大学金陵学院土木工程专业教研组其他教师也给予了很多支持和帮助，在表达技术观点时参考了部分论文、论著，在此谨向原作者表示衷心的感谢。

限于作者水平，书中可能存在不足之处，敬请读者批评指正。

编　者

2019 年 10 月

目　录

1　预制混凝土构件制作工艺与工厂总体规划

1.1　概　　述

1.1.1　国外 PC 构件工艺简况

预制混凝土构件在住宅工业化领域被称作 PC（precast concrete）构件。20 世纪 50 年代，为了解决第二次世界大战战后住房紧张和劳动力严重不足的问题，欧洲的一些发达国家大力发展预制装配式建筑，掀起了建筑工业化的热潮。20 世纪 60 年代左右，建筑工业化的浪潮扩展到美国、加拿大以及日本等发达国家。所以日本的预制混凝土建筑发展比较早，PC 构件技术成熟。日本的高层建筑主要是框架结构、框剪结构和筒体结构，最常用的 PC 构件是梁、柱、叠合楼板、预应力叠合楼板、外墙挂板和楼梯等。柱梁结构体系的柱、梁等构件不适合在流水线上制作，日本 PC 墙板大都有装饰面层，也不适合在流水线上制作，所以日本大多数 PC 工厂主要采用固定模台工艺。美国较多使用预应力梁、预应力楼板和外挂墙板等 PC 构件，也采用固定式模台工艺。

欧洲多层和高层建筑主要是框架结构和框剪结构，构件主要是柱板一体化墙板、空心墙板、叠合楼板和预应力楼板，以板式构件为主。欧洲主要采用流水线工艺，自动化程度比较高。泰国装配式建筑多为低层建筑，曼谷的建筑企业使用的是以带暗柱的板式构件为主的欧洲技术。

1.1.2　国内 PC 构件工艺简况

PC 构件有预制楼板、预制梁、预制钢筋混凝土柱、预制混凝土柱、预制外墙、叠合板等。PC 构件一般情况下是在固定工厂制作（图 1-1），但也有在工地现场制作。PC 构件制作有不同的工艺，采用何种工艺与构件类型和复杂程度有关，与地区经济也有关。

图 1-1　PC 构件生产车间

工厂建设应根据市场需求、主要产品类型、生产规模和投资能力等因素，首先确定采用什么生产工艺，再根据选定的生产工艺进行工厂布置。

1.2　制作工艺概述

1.2.1　制作工艺

PC 构件制作工艺有两种方式：固定式工艺和流动式工艺。固定式工艺是模具布置在固定的位置，构件在模具上进行生产加工；流动式工艺是模具在流水线上移动，也称流水线工艺。

1. 固定式工艺

1）固定模台工艺

固定模台工艺是固定式生产的主要工艺，也是 PC 构件制作应用最广的工艺。

固定模台是一块平整度较高的钢结构平台，作为 PC 构件的底模。在模台上固定构件侧模，组合成完整的模具，如图 1-2 所示。在固定模台生产工艺中，模具是固定不动的，作业人员和钢筋、混凝土等材料在各个模台间流动。绑扎或焊接好的钢筋用起重机送到各个固定模台处，混凝土用送料车或送料吊斗送到模台处，养护蒸汽管道也通到各个模台下。PC 构件就地养护，构件脱模后再用起重机送到存放区。

图 1-2　固定模台

固定模台工艺的设计主要是根据生产规模，在车间里同一地点进行模板组装、钢筋布置、混凝土浇筑及加热养护。固定模台工艺可以生产柱、梁、楼板、墙板、楼梯、水箱、阳台板、飘窗等各式构件。它的最大优势是使用范围广，操作应用灵活，可调整性强，启动资金较少。

2）立模工艺

立模工艺是PC构件固定生产方式的一种。立模工艺与固定模台工艺的区别是：固定模台工艺构件是“躺着”浇筑的，而立模工艺构件是“立着”浇筑的。

立模有独立立模和组合立模。一个“立着”浇筑的柱子或一个“侧立”浇筑的楼梯板的模具就属于独立立模（图1-3）。

图1-3　独立立模

组合立模的模板可以在轨道上平行移动，在安放钢筋、套筒、预埋件时，模板移开一定距离，留出足够的作业空间，安放钢筋等结束后，模板移动到墙板宽度所要求的位置，然后再封堵侧模，如成组浇筑的墙板模具属于组合立模。

立模工艺适合无装饰面层、无门窗洞口的墙板、清水混凝土柱子和楼梯等。其最大优势是节约用地。立模工艺制作的构件，立面没有抹压面，脱模后也不需要转动构件。

3）预应力工艺

预应力工艺是PC构件固定生产方式的一种，分为先张法预应力工艺和后张法预应力工艺。

先张法预应力工艺是在固定的钢筋张拉台上制作构件。钢筋张拉台是一个长条平台，两端是钢筋张拉设备和固定端，钢筋张拉后在长条平台上浇筑混凝土，养护达到要求强度后，拆卸边模和肋模，然后卸载钢筋拉力，切割预应力楼板。除钢筋张拉和楼板切割外，其他工艺环节与固定模台工艺接近。

后张法预应力工艺主要用于制作预应力梁或预应力叠合梁，其工艺方法与固定模台工艺接近，构件预留预应力钢筋孔，然后张拉钢筋。后张法预应力工艺只适合预应力梁、板。

2. 流水线工艺

流水线工艺是将模台放置在轨道上使其移动。第一步，在组模区段，进行组模作业；

第二步，移动到放置钢筋和预埋件的作业区段，进行钢筋和预埋件入模作业；第三步，移动到浇筑振捣平台上进行混凝土浇筑，完成浇筑后，模台下平台振动，对混凝土进行振捣；第四步，模台移动到养护窑进行养护；第五步，养护结束出窑后，移到脱模区脱模，构件被吊起，然后运送到构件存放区。

流水线工艺可达到很高的自动化和智能化水平。例如，自动清扫模具，自动涂刷脱模剂，计算机在模台上画出模具边线和预埋件位置，机械臂安放磁性边模和预埋件，自动加工钢筋网，自动安放钢筋网，自动布料浇筑振捣，计算机控制养护窑养护温度，自动脱模翻转，自动回收边模等。

1.2.2　PC构件制作工艺的选择

就目前世界各国情况看，品种单一的板式构件表面装饰不复杂，使用流水线工艺可以实现自动化和智能化、获得较高效率，但投资非常大。

中国公共建筑以框架、框剪和筒体结构为主，PC构件主要是柱、梁、外挂墙板和叠合楼板，除叠合楼板外，其他构件不适宜流水线生产。住宅建筑以剪力墙和框剪结构为主，剪力墙墙板大都两边甚至三边出筋，一边是套筒或浆锚孔；外墙板或有表面装饰要求或有保温要求，工序繁杂；一项工程构件品种也比较多，还有一些异形构件，如楼梯板、飘窗、阳台板、挑檐板等。

国内目前生产墙板的流水线其实就是流动的模台，并没有实现自动化和智能化，与固定模台相比没有技术和质量优势。流水线投资较大，适用范围却很窄。日本是PC建筑的大国和强国，也只是叠合板用流水线。欧洲也只是叠合板、双面空心墙板和非剪力墙墙板用自动化流水线。只有在构件标准化、规格化、专业化、单一化和数量大的情况下，流水线才能实现自动化和智能化。目前，我国只有叠合板可以实现高度自动化。但自动化节约的劳动力并不能补偿巨大的投资。

PC工厂的建设首先应根据市场定位确定PC构件的制作工艺。投资者可选用单一的工艺方式，也可以选用多工艺组合的方式，详见表1-1。

表1-1　PC构件的制作工艺汇总表

序号	类别	使用范围
1	固定模台工艺	固定模台工艺可以生产各种构件，灵活性强，可以承接各种工程，生产各种构件
2	固定模台工艺＋立模工艺	在固定模台工艺的基础上，附加一部分立模区，生产板式构件
3	单流水线工艺	适用性强的单流水线，专业生产标准化的板式构件如叠合楼板
4	单流水线工艺＋部分固定模台工艺	流水线生产板式构件，设置部分固定模台，生产复杂构件
5	双流水线工艺	布置两条流水线，各自生产不同的产品，都可以达到较高的效率
6	预应力工艺	在有预应力楼板需求时设置，当市场量较大时，可以建立专业工厂，专门生产预应力楼板

1.3　预制构件工厂生产规模与总体规划

1.3.1　工厂基本设置

PC构件工厂的基本设置包括混凝土搅拌站、污水处理站、模具维修车间、钢筋存放区、材料库、实验室、构件加工区、钢筋下料加工区、构件存放区、综合办公区、生活配套设施、锅炉房、展示区等（图1-4）。

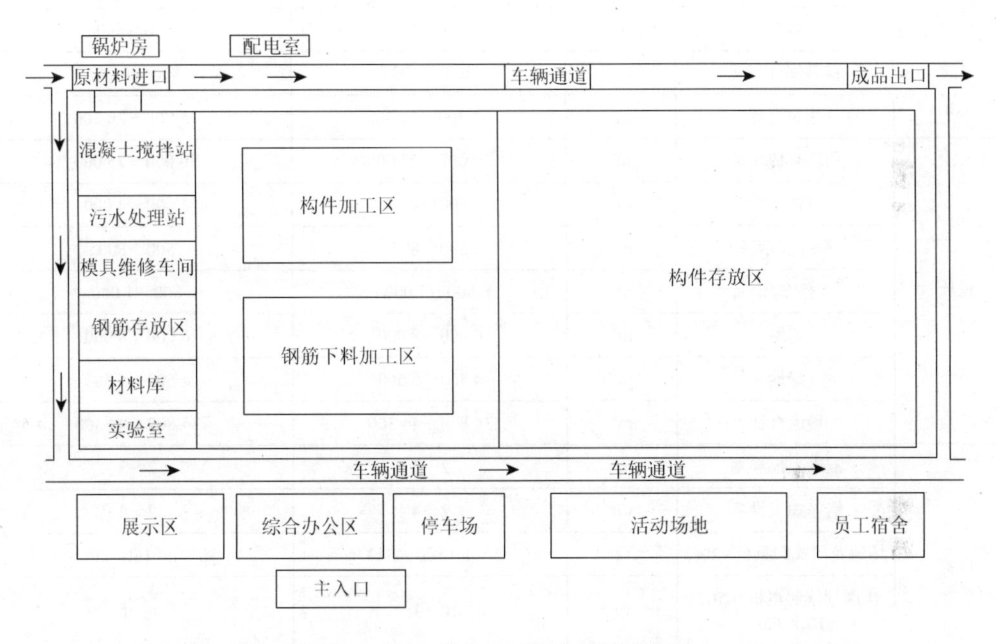

图1-4　PC构件工厂基本设置示意图

1.3.2　生产规模

PC构件工厂的产能或生产规模以混凝土立方米计，生产板式构件的工厂也可以以平方米来计，具体数量详见表1-2。

表1-2　工厂基本设置一览表

类别	项目	单位	规模（混凝土的年用量以10万 m^3 计）	
			固定模台	流水线
人员	管理技术人员	人	20～30	20～30
	生产工人	人	120～150	70～90
	人员合计	人	140～180	90～120

续表

类别	项目	单位	规模（混凝土的年用量以10万m^3计）	
			固定模台	流水线
建筑	PC制作车间	m^2	12 000～16 000	10 000～12 000
	钢筋加工车间	m^2	3 000～4 000	3 000～4 000
	仓库	m^2	200～300	200～300
	试验室	m^2	200～300	200～300
	工人休息室	m^2	100～200	100～200
	办公室	m^2	1 000～2 000	1 000～2 000
	食堂	m^2	400～500	400～500
	模具修理车间	m^2	800～1 000	800～1 000
	建筑合计	m^2	17 700～24 300	15 700～20 300
场地	构件存放场地	m^2	20 000～25 000	20 000～25 000
	材料库场	m^2	3 000～4 000	3 000～4 000
	产品展示区	m^2	500～800	500～800
	停车场	m^2	800～1 000	800～1 000
	道路	m^2	6 000～8 000	6 000～8 000
	绿地	m^2	4 500～5 500	4 500～5 500
	场地合计	m^2	34 800～44 300	34 800～44 300
设备	混凝土搅拌站	m^3	2～3	2～3
	钢筋加工设备	t/h	2～4	2～4
	场地龙门式起重机（20t）	台	2～4（16t，20t）	2～4（16t，20t）
	车间行式起重机（5t，10t，6t）	台	10～16	4～8
	叉车（3t，8t）	辆	2～3	2～3
能源及其他	电容量	kV·A①	800～1 000	1 000～1 200
	水	t/h	5～6	5～6
	蒸汽	t/h	4～6	4～6

①1V·A＝1W。

工厂的服务半径以150km为宜，再远了则运费成本太高。日本的PC构件工厂布局比较合理，每家工厂规模并不大，但都有技术特点，形成了一定的专业分工。有的工厂如高桥集团专门制造PC幕墙板，在日本各地布置了几个工厂；有的工厂如福士会社在预应力方面有优势；较多的工厂制作柱、梁、叠合板等。日本PC市场没有陷入恶性竞争，价格合理，既保证了市场供应，行业也能够健康地发展。

确定PC工厂的规模应避免贪大求新，不宜一开始就搞世界领先，更要避免独霸市场的思维，宜采取步步为营、稳步发展的方针。

1.3.3　厂区规划要求

1. 分区原则

总体设计为满足先进生产工艺流程和最佳物流路线的前提下，结合场地特点，做到功能分区明晰和总体布局合理，并符合国家和当地政府有关城市规划、环保、卫生、消防、节能、绿化等方面的规范和要求。根据功能的不同将工厂分为生产区域和办公区域，如果工厂有生活区，尽量将这一区域远离生产区。

2. 安全、方便原则

生产区域的划分按照生产流程划分，设施之间距离最短，减少厂区内材料物品和产品的搬运，减少各工序区间的互相干扰。根据生产工艺的要求，实验室与混凝土搅拌站应当划分在一个区域内，车间与堆场共用起重机减少设备投入。所有的布置必须在保证安全的基础上进行。

3. 空间利用原则

工厂各个区域空间除满足生产能力的要求外，还需充分利用生产空间、办公空间和过渡空间，以达到生产集中专业化、资源共享最大化和公共服务统一化等目标，有利于节约资金。在进行规划阶段，应留有空间以备后期发展。

4. 道路顺畅原则

厂区内道路布置要满足原材料进厂、半成品厂内运输和产品出厂的要求；厂区道路要区分人行道与机动车道；机动车道宽度和弯道要满足长挂车行驶和转弯半径的要求。车间内道路布置要实行人、物分流，避免空间交叉互相干扰，确保作业安全。

5. 地下管网健全原则

构件工厂由于工艺需要有多管网，如蒸汽、供暖、供水、供电、工业气体以及综合布线等，应当在工厂规划阶段一并考虑进去。

6. 便于科学管理和信息传递原则

信息传递与管理是实现科学管理的关键。预制构件应分区堆放，选取合理的储存位置，便于信息录入管理系统，真正实现成品运输信息化和智能化，达到科学管理目的。

1.3.4　混凝土搅拌站

PC 构件工厂混凝土可由专用搅拌站生产或由商品混凝土搅拌站供给，也可由专用搅拌站和商品混凝土搅拌站兼给；工厂最好是单独设置搅拌机系统（图1-5）。PC工厂搅拌站设备包括搅拌主机、控制系统、配料系统、输运系统、储料仓及计量系统等。

图1-5 混凝土搅拌站

考虑到工厂用的混凝土搅拌站质量要求高，建议采用盘式行星搅拌主机。

搅拌站生产能力的配置应当是工厂设计生产能力1.3倍左右，因为搅拌系统不宜一直处于满负荷工作状态。搅拌站应当选用自动化程度较高的设备，以减少人工、保证质量。在欧洲一些自动化程度较高的工厂，搅拌站系统是和构件生产线控制系统连在一起的，只要生产系统给出指令，搅拌站系统就能够开始生产混凝土，然后通过自动运料系统将混凝土运到指定的布料位置。

搅拌站位置最好布置在距生产线布料点近的地方，为减少运输时间，一般布置在车间端部或端部两侧，如有利华建材（惠州）有限公司工厂的混凝土搅拌站就设在生产线的一侧。搅拌站通过轨道运料系统将混凝土运到布料区；对于固定模台工艺，搅拌站也可考虑使用贮料输送设备（如罐车）运输混凝土，但车间空间布置上要考虑满足相应设备运送的条件。

搅拌站应当设置废水处理系统，用于处理清洗搅拌机、运料斗、布料机等所产生的废水，通过沉淀的方式来完成废水的回收再利用。建立废料回收系统，用于处理残余的混凝土，通过砂石分离机把石子、中砂分离出来再回收利用。

1.3.5 钢筋加工下料

除了预应力板外，各构件工艺的钢筋加工都需设置钢筋加工车间，很多工厂将钢筋加工车间与构件制作布置在一个厂房内。

钢筋加工设备宜选用自动化智能化设备，应符合现行国家标准《混凝土结构工程施工规范》（GB 50666—2011）的有关规定。采用自动化智能化设备最大的好处是避免错误，保证质量；还可以减少人员、提高效率、降低损耗。目前国内建筑工地钢筋加工大部分还停留在人工加工阶段，最多有点简易机械。PC工厂的钢筋加工大都处在人工与设备配合的半自动化阶段。日本、欧洲的PC工厂，钢筋加工已经发展到全自动化阶段，尤其是日本，钢筋加工配送中心已经非常普遍。钢筋加工配送中心是专业加工配送钢筋的企业，根据 PC 构件工厂或施工现场的要求，用自动化设备完成各种规格型号的钢筋加工，然后打包配送到工厂或施工现场。

1.3.6　工厂内其他配套设施

1. 用电

工厂用电包括办公用电、生活用电和生产用电。在建厂选址过程中，应注意是否需要单独增容设线，工厂用电根据设备负荷合理规划设置配电系统，配电室宜靠近生产车间。

2. 用水

工厂用水分生活用水和生产用水两种，两种用水宜分系统单独供水，方便核算生产成本。

生活用水必须符合饮用水标准，多采用市政供水管网。生产用水主要是混凝土拌合用水、蒸汽用水、构件冲洗用水等，混凝土拌合用水必须对其进行化验，使其符合拌合用水标准。

3. 蒸汽

PC 构件生产主要是用蒸汽养护构件。如果有市政集中供蒸汽，应采用市政供蒸汽，但要设置自己的换热站。没有集中供蒸汽或集中供暖无法满足生产用蒸汽使用要求的需自建锅炉生产蒸汽，一般采用清洁能源作为燃料（图 1-6）。

图 1-6　锅炉房设备间

对于高强度等级混凝土（C50 以上），环境温度平均在 25℃以上时，混凝土通过使用添加早强剂或者养护剂，不用蒸汽养护也能在浇筑 12h 后达到脱模强度。

4. 燃气

目前环保审批在项目立项及手续办理过程中较为严谨，涉及锅炉项目，要求燃烧介质必须使用清洁能源，从综合成本考虑，燃气锅炉较为经济。

5. 污水处理

根据当地环保部门的要求，应针对 PC 构件厂污水特点，建立污水处理车间，将污水处理达标后回收使用，实现零排放。

1.4　固定模台工艺及其车间布置

1.4.1　固定模台工艺概况

固定模台工艺是使用范围比较广、历史悠久的一种生产工艺，适用于各种构件，包括标准化构件、非标准化构件和异形构件。具体构件包括柱、梁、叠合梁、后张法预应力梁、叠合楼板、剪力墙墙板、外挂墙板、楼梯、阳台板、飘窗、空调板等。固定模台工艺车间的厂房跨度以 20～24m 为宜；厂房高度以 10～15m 为宜。

固定模台一般为钢制模台，也可用钢筋混凝土或超高性能混凝土模台。常用模台尺寸：预制墙板模台为 6m×3m（长×宽）；预制叠合楼板一般为 3m×9m；预制圆柱为 2.4m×6m（直径×高）；预制方柱为 2.4m×6m（边长×高）。

1.4.2　固定模台工艺流程

根据构件制作图计划采购各种原材料，包括固定模台与侧模。将模具按照模具图组装，然后吊入已加工好的钢筋笼，同时安放好各种预埋件，将预拌好的混凝土通过布料机注入模具，浇筑后就地覆盖构件，在原地通蒸汽进行养护使其达到脱模强度，脱模后如需要修补涂装，经过修补涂装后搬运到存放场地，待强度达到设计强度的 75%时即可出厂安装。固定模台优点是可以生产重量大的构件、操作应用灵活、可调整性较强；每个工序是独立的，不会因为相邻工序出现问题后暂停而受影响；设备相对少。其缺点是劳动力资源不能够充分利用，场地有限；生产效率较低。

固定模台工艺流程如图 1-7 所示。

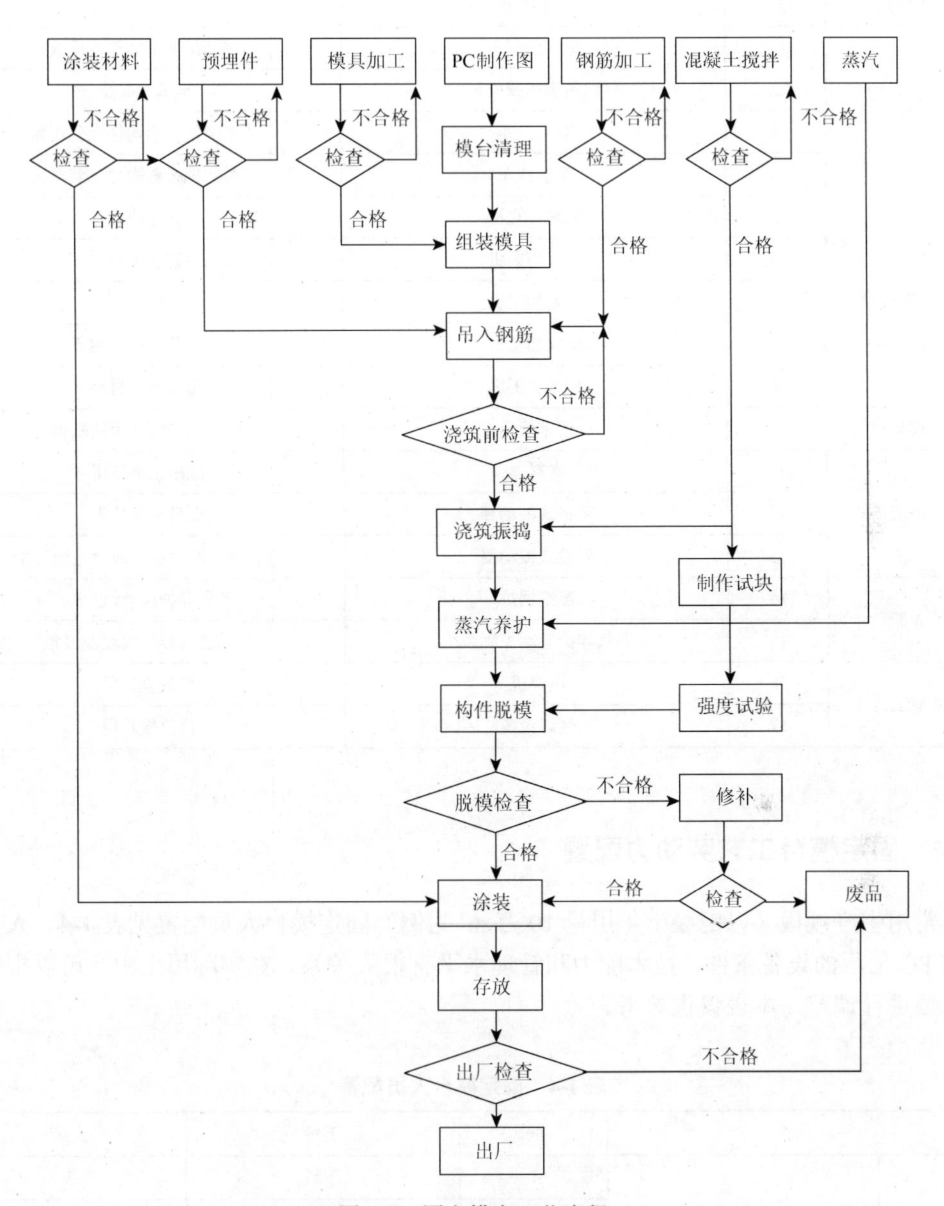

图 1-7　固定模台工艺流程

1.4.3　固定模台工艺配套设备

固定模台工艺配套设备配置见表 1-3，由于每个企业有所不同，本表仅供参考。

表 1-3　固定模台工艺配套设备配置

类别	序号	设备名称	说明
搬运	1	小型辅助起重机	辅助吊装钢筋笼或模板
	2	运料罐车或叉车	运输混凝土
	3	载重汽车	从车间把一般构件运到现场
	4	平板拖车	从车间把长重构件运到现场
钢筋及钢板加工	5	钢筋校直机	钢筋校直
	6	棒材切断机	钢筋下料
	7	箍筋加工机	钢筋成型
	8	剪床加工机	用于剪切模具钢板
	9	冲床加工机	用于冲孔材料
模具	10	固定模台	作为生产构件用的底模
浇筑	11	布料斗	混凝土浇筑用
	12	手持式振动棒	混凝土振捣用
	13	附着式振动器	叠合板、阳台板等薄壁性构件用
养护	14	蒸汽锅炉	养护用蒸汽
	15	蒸汽养护自动控制系统	自动控制养护温度及过程
其他工具	16	电焊机	修改模具用
	17	气焊设备	修改模具用

1.4.4　固定模台工艺劳动力配置

常用生产规模（以混凝土年用量 10 万 m^3 为例）固定模台人员配置见表 1-4。人员配置与 PC 工厂的设备条件、技术能力和管理水平有很大关系，在实际用工中，可以根据实际需要进行调整，本表仅供参考。

表 1-4　固定模台人员配置

工序		序号	工种	人员
生产	钢筋加工	1	下料	3
		2	成型	3
		3	组装	16
	模具组装	4	清理	4
		5	组装	16
		6	改装	4
	混凝土浇筑	7	浇筑	40
	养护	8	锅炉工	4

续表

工序		序号	工种	人员
生产	养护	9	养护工	4
	表面处理	10	修补	8
		小计		102
	辅助	11	电焊工	3
		12	电工	2
		13	设备维修	3
		14	起重工	8
		15	安全专员	1
		16	叉车工	2
		17	搬运工	4
		18	设备操作	4
		19	试验人员	4
		20	包装工	4
		21	力工	4
		小计		39
管理	工厂管理	22	生产管理	2
		23	计划统计	2
		24	技术部	3
		25	质量部	8
		26	物资采购	3
		27	财务部	3
		28	行政人员	3
		小计		24
合计				165

1.4.5　固定模台工艺设计要点

（1）应根据生产构件产品种类及规格，确定起重机的起重吨位和起升高度，吊钩起吊高度宜大于 8m，且起重机配置数量须满足生产要求。

（2）车间面积应满足模台摆放、作业空间和安全通道的需要。当采用贮料输送设备运送混凝土时，固定模台处应有足够的空间，方便贮料输送设备进出，混凝土贮料应设防泄漏措施，对输送线路周边设置安全防护措施。

（3）每个固定模台要配有蒸汽管道和自动控温装置，在计算机的控制下调控养护温度，PC构件就地养护达到强度，然后构件脱模，再用吊车送到存放区。

（4）加工好的钢筋可通过起重机也可用运输车运输到模台处。混凝土的振捣多采用振动棒，使混凝土获得良好的密实效果。

1.5 流水线工艺及其车间布置

1.5.1 流水线工艺概况

流水线工艺最适合生产标准化板类构件。流水线工艺是将施工人员和混凝土的浇筑位置固定，按照工序移动台座。流水线工艺优点是大量减少劳动力，减轻劳动强度，节约能耗，提高效率；产品质量受人为因素干扰少，比固定模台工艺节约用地。缺点是投资大、回报周期长；产品适用面窄；维护费用高；对操作人员要求高。

车间空间布局应满足流水线运转要求，尤其是车间高度应当满足养护窑的高度。根据生产线设计车间，车间一般跨度在22～24m，高度应当在12～17m，长度满足流水线运转长度180～240m。

1.5.2 流水线工艺流程

流水线工艺有全自动化流水线、半自动化流水线和手控流水线三种类型。

全自动化流水线由混凝土成型设备及全自动钢筋加工设备两部分组成。通过计算机编程软件控制，将设备实现全自动对接。图样输入、模板清理、划线、组模、脱模剂喷涂、钢筋加工、钢筋入模、混凝土浇筑、振捣、养护等全过程都由机械手自动完成，真正意义上实现全部自动化。

半自动化流水线包括了混凝土成型设备，不包括全自动钢筋加工设备，半自动化流水线实现了图样输入、模板清理、划线、组模、脱模剂喷涂、混凝土浇筑、振捣等自动化，但是钢筋加工、入模仍然需要人工作业。

手控流水线是将模台通过机械装置移送到每一个作业区，完成一个循环后进入养护区。实现了模台流动，作业区、人员固定，浇筑和振捣在固定的位置上。

目前，国内大多数PC工厂的流水线属于手控流水线，并没有真正实现自动化，只不过是将固定模台变成了流动模台。

1.5.3 流水线工艺设计要点

（1）生产单一产品的专业流水线，以提高效率效能为主要考虑因素，如叠合板流水线，不同工程不同规格的叠合板，边模、钢筋网、桁架筋等都有共性，流水线可以考虑自动化，形成高效率生产工艺。

（2）生产不同产品的综合流水线，就要以所生产产品中最大尺度和最难制作的产品作为设计边界，如此需要牺牲效率，而照顾适宜性。

（3）各环节作业均衡，以使流水线匀速运行。

1.6 预应力工艺及其车间布置

先张法预应力工艺制作预应力梁与固定模台工艺基本一样，区别点是方法程序不同。先张法预应力工艺是预应力筋在浇筑混凝土前张拉。预应力楼板用于大跨度楼板，日本9m以下跨度的叠合板用普通叠合板，9m以上跨度的叠合板则用预应力叠合板。美国大跨度楼板较多用预应力空心板，其优点是可用于大跨度结构，设备投入低；其缺点是应用范围窄，不容易形成市场规模。预应力工艺劳动力配置与固定模台劳动力配置基本一样。

预应力车间进深宜长不宜短，高度满足布料机高度即可，一般高度在8～10m，宽度考虑生产产品宽度的倍数，一般为18～24m。在气候温暖地区，预应力生产线可以布置在室外。

1.6.1 预应力工艺流程

预应力工艺的设备配置主要是预应力钢筋张拉设备和条形平台，其他环节的设备配置与固定模台工艺一样。

预应力张拉台座应进行专项施工设计，并应具有足够的承载力、刚度及整体稳固性，应能满足各个阶段施工荷载和施工工艺要求。

1.6.2 预应力工艺设计要点

（1）根据常用预应力板的宽度确定条形平台的长度。

（2）预应力筋应使用砂轮锯或切断机等机械方法切断，不得采用电弧或气焊切断。

（3）选择合适的张拉设备和门式起重机，张拉设备和压力表应配套标定和使用，标定期限不应超过半年。

（4）设置预应力肋模具的支架。

1.7 立 模 工 艺

1.7.1 立模工艺概况

立模在制作内墙板及内隔墙板领域的应用比较成熟，这种用成组立模工艺生产的混凝土内墙基本上有两种。一种是纵向内墙板，适用于进深为4.8m及4.5m；另一种是横向内墙板，适用于开间为3.6m、3.3m、2.7m及2.4m。因这种预制混凝土内墙采用立模生产工艺，所以板内的构造钢筋可以大大减少。除了生产内墙板，制作PC楼梯板也比较适宜。

立模工艺具有节省空间、能源消耗低、生产效率高、养护效果好、预制构件表面平整（不需要进行表面抹灰）、不用翻转环节、降低模具成本等许多优点；其缺点是受制于构件形状，通用性不强。

1.7.2 立模工艺设计

（1）将立模上的混凝土浆块用铁铲全部清理干净。

（2）在立模上涂刷隔离剂，涂刷均匀且不得漏刷，将模底多余隔离剂刷净，防止污染钢筋骨架。

（3）模板组装成型后，应保证预埋件、钢筋骨架、吊钩及垫块等位置准确牢固，防止浇灌振捣过程中产生位移。

（4）混凝土浇筑成型并进行养护。

（5）内墙板成型后，先拆外侧模，再打开两边端模。

（6）起吊时，将吊钩放在适中位置，待构件的上部分离开侧模，放入垫块，再使构件的下部分离开侧模，然后平稳起吊。堆放采用靠放架，同型号构件对称靠放，避免倾倒。最后逐块进行检查验收。

思 考 题

1. 预制构件工厂有哪些基本设置要求？厂区规划原则是什么？
2. 固定模台工艺主要适合哪些构件的生产？其优点表现在哪些方面？
3. 流水线工艺分为几种类型?立模工艺生产哪些构件?

2 模具设计与制作

2.1 模具分类

2.1.1 按材质分类

模具按材质分类有：钢材、铝材、混凝土、超高性能混凝土、玻璃纤维增强混凝土（GRC）、玻璃钢、塑料、硅胶、橡胶、木材、聚苯乙烯、石膏模具和以上材质组合的模具。

2.1.2 按构件类别分类

模具按构件分类有：柱、梁、柱梁组合、梁板组合、柱板组合、楼板、剪力墙内外墙板、内隔墙板、外墙挂板、转角墙板、楼梯、阳台、飘窗、空调台、水箱、挑檐板等。

模具还有生产工艺、构件接口要求、模具使用次数等其他一些分类，详见表 2-1。

表 2-1 模具其他分类汇总表

分类依据	序号	类别	说明
按生产工艺分类	1	生产线流转模台	
	2	固定模台	
	3	立模模具	
	4	预应力模台	
按构件是否出筋分类	5	不出筋模具	即封闭模具
	6	出筋模具	即半封闭模具，有利华建材（惠州）有限公司多采用出筋模具生产构件
按构件是否有保温层分类	7	无保温层模具	养护用蒸汽
	8	有保温层模具	一般采用双层轻质混凝土结合而成的墙板
按模具使用次数分类	9	长期模具	永久性，如模台等
	10	正常使用次数模具	50～200 次
	11	较少使用次数模具	2～50 次
	12	一次性模具	

2.2 模具材料

2.2.1 钢材

钢材是预制构件模具用得最多的材料，详见表 2-2。模具最常用的是 6～10mm 厚的钢板，由于模具对变形及表面光洁度要求较高，与混凝土接触面的钢板不宜用卷板，应当用开平板（图 2-1）。

表 2-2　外墙模具材料一览表

模具位置	材料类别	材料规格				备注
		长度/mm	宽度/mm	厚度/mm	重量/(kg/m)	
底架主梁	槽钢	220	79	9.0	28.45	大外墙
		200	75	9.0	25.78	小外墙
支柱	槽钢	80	43	5.0	8.05	
	角钢	75	75	8.0	9.03	
第二层架	槽钢	100	48	5.3	10.01	
	角钢	75	75	8.0	9.03	
面板	钢板			5.0		
左右板	花板			5.0		
	加强钢板			8.0		
前后板	角钢	100	63	8.0	9.88	大外墙
		75	75	8.0	9.03	小外墙
	槽钢	200	75	9.0	25.78	配 220 宽板
密封胶条		12	6			凹槽深 10.5mm
底座	工字钢	140	73		13.68	
	面板			5.0		
	槽钢	100	48	5.3	10.01	
		200	75	9.0	25.70	
中墙板	面板			8.0		
	角钢	100	100	8.0	12.28	
窗盖板	角钢	63	63	6.0	5.72	
	槽钢	80	43	5.0	8.05	常用

图 2-1　钢板模具

定位销的主要作用是模具组装时快速将模具定位，定位完成后用螺栓将模具各部分组合成一块（图 2-2）。强度等级高于模板的钢材。

图 2-2　定位销图

堵孔塞是用来修补模台或模板上因工艺或模具组装而打的孔洞，用堵孔塞封堵后可以还原模板的表面。常见材料有两种：一种是钢制堵孔塞；一种是塑料堵孔塞。塑料堵孔塞用不同的颜色来区分不同的直径大小，方便操作工人取用。

自动流水线应用，磁力边模由 3mm 的钢板制作，包括两个磁铁系统，每个磁铁系统内镶嵌磁块，分为叠合楼板边模和墙板边模。墙板边模常用高度有 $H = 200$mm 和 $H = 300$mm 两种（图 2-3）。

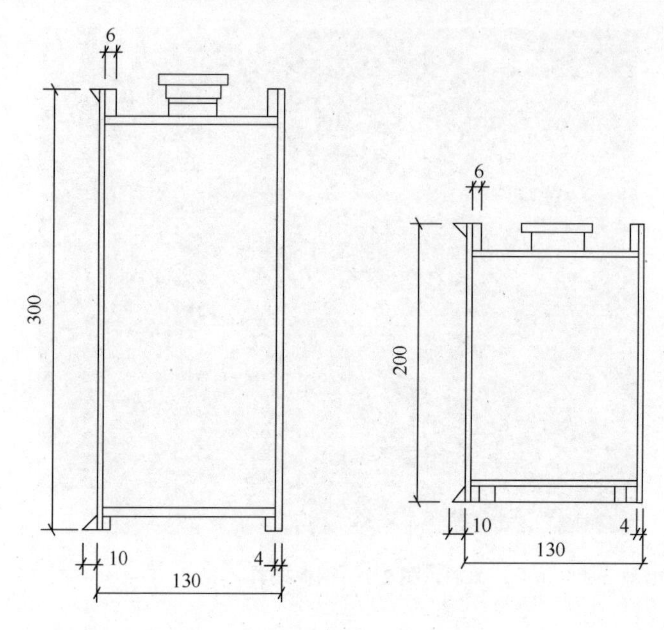

图 2-3　墙板磁性边模（单位：mm）

2.2.2　铝材

铝材多用于板的边模、立模等。对于一些不出筋的墙板可以选择用铝合金模板，重量轻、组模方便，减少起重机使用频率。但是使用铝合金模具需要专业生产铝合金模板的厂家根据产品图样定做模具。

2.2.3　水泥基材料

水泥基材料包括钢筋混凝土、超高性能混凝土、GRC 等，具有制作周期短、造价低的特点，可以大幅度降低模具成本。与可拆卸重复使用的钢模板和铝合金模板不同，水泥基材料一次成型，特别适合周转次数不多或造型复杂的构件。钢筋混凝土采用的混凝土强度等级为 C25 或 C30，厚度为 100～150mm。超高性能混凝土由水泥、硅灰、石英砂、外加剂和钢纤维复合而成，抗压强度等级大于 C60，厚度为 10～20mm，可做成薄壁型模具。GRC 抗压强度等级大于 C40，厚度为 10～20mm，可做成薄壁型模具。

2.2.4　其他模具材料

1. 硅胶及橡胶

由于专用硅橡胶具有无收缩、耐高温特性，所以当预制构件造型或饰面特殊时，宜采用硅胶模与钢模组合等形式，且硅胶、橡胶模具多用在底模上，应当由专业厂家根据图样定做。

2. 玻璃钢及塑料

玻璃钢模具常用于造型复杂、质感复杂的构件模具；塑料模具多用在端部尺寸小且不出筋的部位，或者是窗洞口部位。

3. 木材

木材模具使用于周转次数少、不进行蒸汽养护的模具，或者用于窗洞口部位。一般使用 2～3 次就要更换木材。常用木材有实木板、胶合板、细木工板、竹胶板等。木材模具应做防水处理，刷清漆、树脂等。

4. 聚苯乙烯及石膏

聚苯乙烯及石膏适用于制作复杂造型和质感的模具，可以通过数控机床加工出所要的造型和质感，表面做处理。聚苯乙烯一般作为一次性模具使用，要满足质感和造型的要求，同时也要有一定的强度。石膏要求采用高强度石膏粉。

2.3　模具设计要求与内容

2.3.1　模具设计要求

模具设计应在建筑大样深化的基础上进一步进行，应考虑施工过程中装拆模的可行性、预埋构件位置是否与模具型钢支撑位置相冲突。

首先，预制构件模具设计的基本理念有以下五个方面。

（1）使用次数和成本控制。模具的使用次数直接影响构件的制造成本，所以在设计时就应该考虑给予模具合理的刚度，增加模具的周转次数。保证在一个项目中不会因为模具刚度不够而二次追加模具或增加维修费用。

（2）方便生产。模具最终是为构件生产服务，所以模具设计人员一定要懂得构件生产工艺，使得模具设计更加合理，利于构件的生产。若模具设计人员不懂得构件生产工艺，设计出来的模具最多只能说可以很好地实现模具刚度、尺寸，但不一定符合构件生产工艺。

（3）通用性。模具设计人员还要考虑如何实现模具的通用性，也就是增大模具重复利用率。从构件厂给甲方的报价中可以看到，甲方并不是完全支付模具费用，而是要从模具总的制作费用中扣除一部分残值，一般会在 25%～30%，这部分是考虑工程结束后将模具变卖废料的价格。采购模具和废铁的单价相差数倍，一旦作为废铁变卖，无论对构件厂还是甲方来说都是一个极大的浪费。所以设计人员在设计之初就应该考虑如何实现模具的通用性。

（4）方便运输。这里所说的运输是指在车间内部完成，在自动化生产线上模具是要跟着工序而移动的，所以就涉及模具运输问题。设计模具时要充分考虑这点，就是在保证模具刚度和周转次数的基础上，通过受力计算尽可能地降低模板重量，达到不靠吊车，只需两名工人就可以实现模具运输工作。

（5）三维软件设计 PC 构件模具，由于构件造型复杂，特别是三明治外墙板构件存在企口造型、灌浆套筒开口及大量的外露筋，采用三维软件进行设计，可以使整套模具设计体系更加直观化、精准化，将大量的脑力工作通过三维软件的手段进行简化，可直接对构件建模进行检查纠错。

其次，预制构件模具设计须注意以下两个设计技巧。

（1）模具影响生产效率主要体现在组模和拆模两道工序。模具组模时，按照模具的尺寸对底板和侧板进行安装，采用销钉对侧模定位，再用螺栓固定底模和侧模，鉴于组模程序，在满足模具精度的前提下，控制模具连接件个数，可以减少组装时间。设计模具时，还需要在保证拆模过程中不损坏预制构件和不影响预制构件结构受力的前提下方便工人操作拆卸模板。例如，梁模具中的构件成型后，应去除两端的端模，因端模和混凝土板之间是镶嵌的，所以去除的难度较大，可能会对施工进度造成影响，设计方便的动模，可以缩短拆模时间。这些都是在掌握了生产工艺、保证生产质量前提下需要考虑的问题，解决组模和拆模存在的问题，才能设计出合格的模具。

（2）模具的主要材料可分两种，做面板的板材及做支撑的型材。板材的厚度取决于模具的周转次数，型材取决于构件的大小和外形尺寸。在保证精度的情况下，尽量减少模具配件的重量及尺寸，使模具轻巧、操作方便，有效节省预制构件生产时间。预制构件模具尺寸的允许偏差和检验方法见表 2-3。

表 2-3　预制构件模具尺寸的允许偏差和检验方法

项次	检验项目及内容		允许偏差/mm	检验方法
1	长度	≤6m	1，−2	用钢尺量平行构件高度方向，取其中偏差绝对值较大处
		>6m 且≤12m	2，−4	
		>12m	3，−5	
2	截面尺寸	墙板	1，−2	用钢尺测量两端或中部，取其中偏差绝对值较大处
3		其他构件	2，−4	
4	对角线差		3	用钢尺量纵、横两个方向对角线
5	侧向弯曲		l/1500 且≤5m	拉线，用钢尺测量侧向弯曲最大处
6	翘曲		l/1500	对角拉线测量交点间距离值的两倍
7	底模表面平整度		2	用 2m 靠尺和塞尺量
8	组装缝隙		1	用塞片或塞尺量
9	端模与侧模高低差		1	用钢尺量

注：l 为模具与混凝土接触面中最长边的尺寸。

资料来源：《装配式混凝土结构技术规程》（JGJ 1—2014）11.2.3。

通过以上的设计理念可以看出，完成模具设计是要综合考虑成本、生产效率和质量等因素，而且是缺一不可，否则就不能算是一个优良的模具设计。

2.3.2 模具设计内容

模具设计包括以下内容。

（1）根据构件类型和设计要求，合理选用模具材料。

（2）确定模具连接方式和分缝位置。

（3）模具构造应保证拆卸方便，需进行脱模便利性设计。

（4）设计计算模具强度与刚度，确定模具厚度。

（5）对立式模具进行模具稳定性验算。

（6）预埋件、套筒等定位构造设计，保证振捣混凝土时不移位。

（7）对出筋模具的出筋方式进行设计。

（8）外表面反打装饰层模具要考虑装饰层下铺设保护隔垫材料的厚度尺寸。

（9）钢结构模具焊缝有定量要求，既要避免焊缝不足导致强度不够，又要避免焊缝过多导致变形。

（10）结构造型复杂、外形有特殊要求的模具应制作样板，经检验合格后方可批量制作。

（11）钢结构模具边模加强板宜采用与面板同样材质的钢板。

2.3.3 模具分缝原则

在确保预制构件具有足够的强度、刚度和整体稳定性的情况下，确保模具接缝的痕迹对构件表面的艺术效果影响最小；容易脱模，不会造成构件损坏；组模拆模方便。

2.4 模具制作原则

2.4.1 模具制作的基本条件

无论是模具专业厂家制作模具还是PC厂家自行制作模具，应当具备以下基本条件。

（1）有经验的模具设计人员，特别是结构工程师。

（2）金属模具应当有相应的加工场地和加工设备（图2-4～图2-15）：激光裁板机、剪床、折床、冲床、钻床、车床、锯床、卷板机、弯管机、铣床。

（3）有经验的技术工人队伍。

（4）可靠的质量管理体系。

图 2-4　机械开料区图

图 2-5　激光裁板机图

图 2-6　剪切 6mm 以下厚度铁板的剪床

图 2-7　剪切 8～12mm 厚度铁板的剪床

图 2-8　折弯铁板的折床

图 2-9　冲孔的冲床

图 2-10　小配件钻孔的小钻床

图 2-11　车床

图 2-12　高精度型材下料的锯床

图 2-13　制作圆形模具的卷板机

图 2-14　弯管机

图 2-15　铣床

2.4.2　模具制作的依据

模具制作的必要具体依据：预制构件模具图，一般包括模具总装图、模具部件图和材料清单；构件允许误差；预制构件模具生产计划书。

2.4.3 模具制作质量控制

（1）预制构件生产应根据生产工艺、产品类型等制定模具方案并对预制构件图图样进行审查。

（2）模具制作图设计完成后应当由构件厂签字确认。

（3）对模具材质进行检查。

（4）加工过程质量控制。

（5）应建立健全模具验收、使用制度。

2.5 流水线工艺模具

流转模台由 U 形钢和钢板焊接组成，焊缝设计应考虑模具在生产线上的振动。欧洲的模台表面经过研磨抛光处理，表面平整，模台涂油质类涂料防止生锈。

流水线除了模台外，主要模具为边模。自动化程度高的流水线边模采用磁性边模；自动化程度低的流水线边模采用螺栓固定边模。

自动流水线上的磁性边模由 3mm 钢板制作，包含两个磁铁系统，每个磁铁系统内镶嵌磁块，通过磁块直接与模台吸合连接。磁性边模非常适合全自动化作业，由自动控制的机械手组模，预制构件生产采用封闭式钢制磁性边模，边模没有开孔，杜绝置模后的混凝土漏浆，对于边侧出筋较多且没有规律性的楼板与剪力墙墙板，磁性边模应用目前还有难度。

螺栓固定边模是将边模与流转模台用螺栓固定在一起，这与固定模台边模固定方法一样。

2.6 固定模台式模具

现在模具的体系可分为独立式模具和大模台式模具，独立式模具用钢量较大，适用于构件类型较单一且重复次数多的项目。大模台式模具只需制作侧边模具，底模还可以在其他工程上重复使用。下面主要介绍的是大模台式模具中的固定模台式模具。固定模台式模具包括固定模台、各种构件的边模和内模。固定模台作为构件的底模，边模为构件侧边和端部模具，内模为构件内的肋模具。预应力楼板为定型产品，模具在工艺设计和生产线制作时就已经定型，构件制作过程不再需要进行模具设计。

2.6.1 固定模台

固定模台由工字钢与钢板焊接而成（图 2-16），边模通过螺栓与固定模台连接，内模通过模具架与固定模台连接。国内固定模台一般不经过研磨抛光，表面光洁度就是钢板出厂光洁度，平整度一般控制在 2m±2mm 的误差。

图 2-16 钢固定模台图

2.6.2 固定模台边模

固定模台的边模有柱、梁构件边模和板式构件边模。柱、梁构件边模高度较高，板式构件边模高度较低。

柱、梁模具由边模和固定模台组合而成，模台为底面模具，边模为构件侧边和端部模具。柱、梁边模一般用钢板制作（图 2-17）；没有出筋的边模也可用混凝土或超高性能混凝土制作。当边模高度较高时，宜用三角支架支撑边模。

图 2-17 梁模具图

柱模是一个高度大于断面尺寸及承受混凝土侧向压力的模具，因该类模具可反复使用，既环保又方便，又采用了统一规格的螺丝连接方式，易装易拆，所以在建筑行业中通常采用此类型模具；柱模分为圆柱模、方柱模两种款式（图 2-18）。

图 2-18　钢结构柱模

为了便于浇筑混凝土，在柱模上配有工作平台，工作平台设计为活动款式，在存放和运输模具的时候，可以节约较大空间。柱模是长细比较高的模具，为了确保安全，在工作平台的四周还设有 1.2m 高的安全护栏。模具的两侧设有爬梯，可直接在两层之间行走，为拆模带来了极大的方便。柱模可设计为上、下通用的款式，在施工现场可随意调节模具的高度，由于模具是通用款式，所以模具的数量倍减，从而也降低了使用成本。除了圆柱模，方柱模也可设计为一模多用，大小不一的柱只需一套模具来回调节尺寸便可完成整个工程。模具连接均采用统一规格的螺丝，只需一套工具便可完成整个模具的安装、拆模工作。

最常用的边模为钢结构边模（图 2-19）。除了钢结构，板边模还可以由铝合金型材、混凝土等制作。

图 2-19　固定模台上的钢结构边模

2.6.3　边模、内模与固定模台的连接

边模与固定模台的连接固定方式为：在固定模台的钢板上钻孔绞丝，用螺栓将边模与模板连接。构件内模是指形成构件内部构造的模具。构件内模不与模台连接，而是通过悬挂架固定。

2.7 独 立 模 具

独立模具是指不用固定模台也不用流水线工艺制作的模具。之所以要设计独立模具，主要是因为构件本身有特殊要求或有些构件造型复杂，在固定模台上组模反倒麻烦，就不如独立模具。

独立模具必须安全可靠、易操作、易脱模。独立模具主要包括以下类型。

（1）楼梯应用立模较多（图 2-20），自带底板模。楼梯立模一般为钢结构，也可以做成混凝土模具。楼梯模具可分为卧式和立式两种模式。卧式模具占用场地大，需要压光的面积也大，构件制作完成需要翻转，故推荐设计为立式楼梯模具。楼梯模具设计的重点为踏步的处理，由于踏步呈锯齿状，钢板需要进行拼接，拼缝的位置宜放在既不影响构件效果又便于操作的位置，拼缝的处理可采用焊接或冷拼接工艺。需要特别注意拼缝处的密封性，严禁出现漏浆现象。

（2）梁的 U 形模具。带有角度的梁可以将侧板与底板做成一体，形成 U 形。

（3）造型复杂构件的模具，如半圆柱、V 形墙板等。

（4）剪力墙独立立模。

图 2-20 楼梯钢结构立模

2.8 模 具 构 造

2.8.1 套筒、预埋件等定位构造

套筒定位是在柱子或墙板端部模具上设置专用套筒固定件，通过螺栓张拉后将套筒固定，如图 2-21 所示。预埋件定位是在模板上钻孔用螺栓固定，或用专用胶粘贴，如图 2-22 所示。模具预留孔洞中心位置的允许偏差见表 2-4。

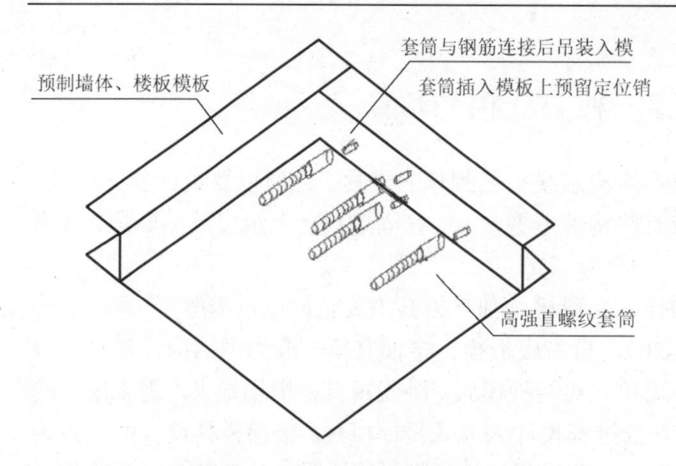

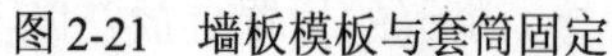
图 2-21　墙板模板与套筒固定

图 2-22　预埋件在模板上固定

表 2-4　模具预留孔洞中心位置的允许偏差与检验方法

项次	检验项目及内容	允许偏差/mm	检验方法
1	预埋件、插筋、吊环、预留孔洞中心线位置	3	用钢尺量
2	预埋螺栓、螺母中心线位置	2	用钢尺量
3	灌浆套筒中心线位置	1	用钢尺量

注：检查中心线位置时，沿纵、横两个方向量测，并取其中的较大值。
资料来源：《装配式混凝土结构技术规程》（JGJ 1—2014）11.2.5。

2.8.2　模具出筋及堵孔处理

当板构件伸出钢筋较长时，可将钢筋弯曲 90°，以避免伸出钢筋下垂影响其构件内钢筋的位置。出筋处模具需要封堵以避免漏浆，一种方法是将出筋部位附加一块钢板堵孔（图 2-23），一种方法是塞橡胶圈。

图 2-23　模具出筋及堵孔处理图

2.8.3 模具拼缝处理

拼接处应用刮腻子等方式消除拼接痕迹，打磨平整。有生锈的地方应当用抛光机抛光，防止生锈。如果是吸水材料模具，做防水处理。

2.9 模具标识与存放

每套模具零件需按顺序统一编号。模具标识内容包括项目名称、构件名称与编号、构件规格、制作日期与制作厂家等。

模具应组装后存放，且配件等应一同储存；模具应设立保管卡，记录内容包括名称、规格、型号、项目、已经使用次数等，包括所在模具库的分区与编号。以上信息应输入计算机建档，信息化管理；原则上模具不能码垛堆放，防止变形；在模具暂时不使用时，需要在模具上涂一层机油，防止腐蚀，且模具不宜在室外储存。

2.10 模具质量与验收

2.10.1 模具质量控制要点

模具质量对产品质量起着至关重要的作用，严格把关模具质量是生产的第一步，总结控制要点如下。

（1）一个新模具的首个构件必须进行严格的检查，确认首件合格后才可以正式投入生产。

（2）模具质量检查的内容包括几何尺寸、垂直度、平直度、水平度、材料优劣度、边缘、转角、预埋件定位、孔眼定位、出筋定位等。

①钢材切割精度：钢材切割须整齐，若有欠缺之处必须修磨；机械切口要求垂直，无毛刺，无缺棱；气割切割要求清除切口边缘的熔瘤和飞溅物。影响预制件几何尺寸的钢材切割，须符合几何尺寸允许误差要求。

②开孔：模具上的螺栓孔应采用机械钻孔，必须严格控制开孔的位置及形状。开孔须注意圆孔直径误差不超过 2mm。连接螺栓孔要保证螺栓顺畅穿入孔内，在同一连接面上穿入方向一致。自制六角紧固螺栓无弯曲变形，螺纹完整。重叠连接螺栓孔要一致，相对误差不超过 2mm。

③结构外观：构件无变形，表面无焊疤，无多余未补开孔，连接在结构上的临时设施已拆除或已处理。焊渣飞溅清除干净，表面缺陷已按规定处理。

④焊缝：焊缝无致命缺陷和严重缺陷。

⑤涂装：油漆涂刷均匀，色泽无明显差异，无流挂、起皱，无漏涂、误涂。

（3）模具表面清晰表示出工程代号、模具型号、编号。

（4）模具检查必须有准确的测量尺寸和角度的工具，应当在光线明亮的环境下检查。

2.10.2　柱模具质量检查

1. 圆柱

（1）直径误差不得超过±2mm，高度误差不得超过±3mm。

（2）铁板孔位尺寸不得超过±2mm，收好螺丝后，接口缝隙不得超过 1mm。

（3）板面凹凸误差不得超过±2mm。

（4）清除所有的焊渣，焊口若有裂痕必须重焊。

（5）检查喷油是否均匀覆盖，混凝土板面不得喷油漆。

2. 方柱

（1）板面尺寸不得超过±2mm。

（2）铁槽与铁板连接按约 150mm 距离焊 20～30mm 长焊道，其他连接结构一般都要全焊。

（3）板面凹凸误差不得超过±2mm。

（4）接缝处收好螺丝后，缝隙不得超过 1mm。

（5）清除所有焊渣，焊口若有裂痕必须重焊。

（6）检查喷油是否均匀覆盖，混凝土板面不得喷上油漆。

2.10.3　楼梯模具质量检查

（1）底台面尺寸误差不得超过±3mm。

（2）底台面凹凸误差不得超过±1mm。

（3）楼梯板的尺寸误差不得超过±1mm。

（4）铁槽与铁板连接按约 150mm 距离焊 20～30mm 长焊道，梯级背面用回流焊，其他连接结构用全焊。

（5）装上旁板后，测混凝土位置尺寸，误差不得超过±2mm。

（6）清除所有的焊渣，焊口若有裂痕必须重焊。

（7）检查喷漆是否均匀覆盖，混凝土板面不得喷上油漆。

2.10.4　外墙模具质量检查

（1）底框架要水平，接头处要包角焊，装吊臂的接口处要用拉力焊条加焊，加焊后调直才能搭架。

（2）底板到墙体模板处的斜度板要求平直，纵面误差不能超过 1mm，横面误差不能超过 2mm；底板到窗边处模板面要平直，纵面凹凸误差不能超过 1mm，横面误差不能超过 2mm；高位处大窗与小窗之间板面要平，误差不能超过 1mm；高低连接斜度板要求平直，纵面误差不能超过 2mm，横面误差不能超过 2mm；模顶处底板面要求平直，误差不能超过 1mm；外墙两旁的板面要求平直，误差不能超过 2mm；空调机外机搁板的板面要与周围模具板面成一水平面，误差不能超过 2mm，空调机外机搁板的侧面也要求平直，误差不能超过 2mm；整个窗口要求水平，误差不能超过 1mm；所有的板面误差不能超过 0.5mm；板面任何地方不允许有铁锤打过的痕迹。

（3）分隔窗户与墙体的活动盒要求活动自如，盒面与墙体模板底面要成 90°，误差不能超过 2mm。

（4）按工程要求长宽尺寸可小 2～4mm，对角尺寸误差不能超过 2mm，各部分水泥厚度尺寸误差不能超过 2mm。

（5）所有的拉力螺母都要打磨，螺杆不能超长，拧好螺栓后螺杆出螺母 20mm 即可。

（6）窗口边要平直，误差不能超过 1mm，窗口尺寸误差不能超过 2mm。

（7）窗盖要求平直，四边要求光滑，尺寸要与模身窗口一致，误差不能超过±2mm。

（8）外墙模的滴水线每一端要比模具缩短 15mm，并向内斜 45°，从模底面向上量，尺寸误差不超过 3mm。

（9）从底板到窗边的尺寸要准，尺寸误差不能超过 2mm。

（10）外墙模的底板长度尺寸要求准确，误差不能超过±2mm，底板折角各部位尺寸误差不能超过±2mm。底板的滴水线要求笔直、光滑，底板面要平直，误差不能超过±2mm，底板加焊后要清除焊渣等杂物，保持产品外观整洁。

（11）整个外墙模弯曲不能超过±5mm。

（12）检查外墙模四周的收口旁板是否符合要求，钢筋孔位的尺寸要求准确，误差不能超过 3mm，装配时要按实际要求进行装配。

（13）铝窗及窗盖装上后，四周的缝隙不能大于 1mm。

（14）所有的配件应标注与模具相符的编号，以防混乱。

（15）检查用料是否统一，是否符合实际要求。

（16）凡是不直的地方要校正，如窗边、模的四边、模身有角位置，肉眼都能看出不直的地方一定要修改。

（17）清除所有焊渣，检查焊口是否有裂痕，若有，必须重焊。

2.10.5 模具质量验收

在新模具投入使用前，以及另外一个项目再次重复使用或维修改用后，工厂应当组织相关人员对模具进行组装验收，填写模具组装验收表并拍照存档，模具报检表见表 2-5。

表 2-5 预制件模具报检表

序号	检查内容	检查结果			备注
1	厚度尺寸检查				
2	宽度尺寸检查				

续表

序号	检查内容	检查结果			备注
3	高度尺寸检查				
4	模具扭曲程度				
5	板面平整度				
6	斜度及角度检查				
7	窗口位置尺寸				
8	预留孔的尺寸				
9	灯箱位置尺寸				
10	配件盒子尺寸				
11	钢筋位置尺寸				
12	活动位置板面接口缝隙				
13	活动位置板面接口跌级				
14	活动位脱模活动情况				

注：1. 模具质量标准见工序指引。
2. 合格用“√”，不合格用“×”。
3. 不合格原因填写在备注栏。

检查员：
检查日期：

2.11　模具的最终检查

（1）从收图、开料、制作、到产品完工的整个过程的工序控制，以组长为主进行组织检查。

（2）产品完工后由组长组织做完工检查，模具厂主任负责跟进及监督其检查过程的真实性和准确性。

（3）合格后以报检表的形式通知研发部做最终检查，检查分以下项目：①外墙模、楼梯模等本厂使用的模具在出模具厂前，必须通知工程师做最终检查；②墙板模在最后的组装测试完成后，必须通知工程师做最终检查。

（4）最终检查发现的问题要以书面的形式通知生产负责人进行修改。

（5）模具修改完毕，须再次通知检查，若超过三次检查出同样的问题没得到解决，则当不收货处理。

（6）模具在使用过程中出现的任何问题都以实际情况安排处理。

（7）最终检查组由研发部的相关人员组成。

（8）最终检查必须填写相关检查表作为记录存档。

检查模具工序流程见图 2-24。

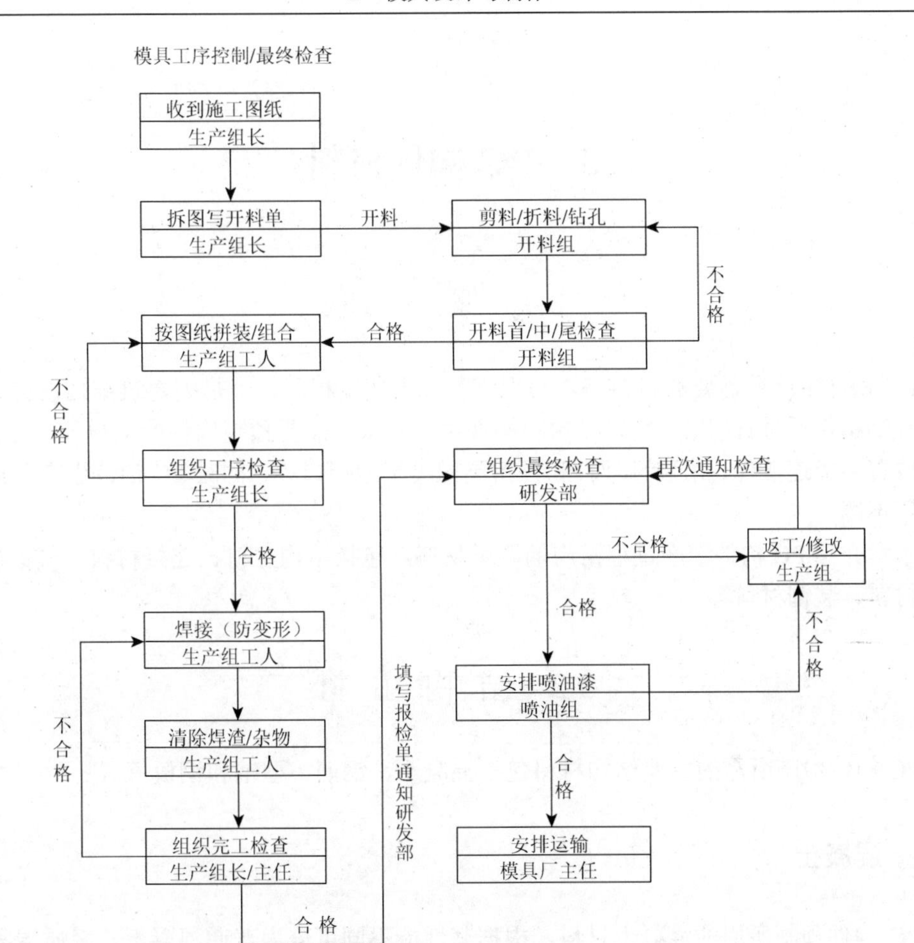

图 2-24　检查模具工序流程

思　考　题

1. 按生产工艺分类，模具有哪几种？模具设计基本理念是什么？
2. 模具制作依据是什么？制作时如何控制质量？
3. 如何存放模具？验收模具时需要注意哪些事项？

3 PC构件材料

3.1 概　　述

PC 构件生产所需要的材料基本与现浇混凝土建筑相同，但是因建筑结构被拆分成不同的预制构件后进行组装，所以在预制构件生产时除了需要预制构件的主材外，还需要安装和放置各类连接件、吊装预埋件和预留不同类型的接口等，同时 PC 构件生产所需材料也有所不同。

本章介绍 PC 构件生产过程常用的各类材料，包括结构主材、连接材料、辅助材料、保温材料、装饰材料等。

3.2 结 构 主 材

PC 构件生产所需的主要结构材料包括混凝土、钢筋、型钢和钢板等。

3.2.1 混凝土

PC 构件预制所用的混凝土材料，根据其性能不同可分为普通混凝土、轻质混凝土、装饰混凝土。

1. 普通混凝土

装配式建筑所用的混凝土以普通混凝土为主，不过装配式建筑往往采用的混凝土要比现浇建筑强度等级高一些。我国行业标准《装配式混凝土结构技术规程》（JGJ 1—2014）要求预制构件的混凝土强度等级不宜低于 C30；预应力 PC 构件的强度等级应大于等于 C40，绝不能低于 C30；现浇混凝土的强度等级不宜低于 C25。

2. 轻质混凝土

轻质混凝土是装配式建筑常用的混凝土类型，对于大型预制构件在确保质量和安全的条件下建议优先使用。

轻质混凝土具有以下特点：表观密度较小，强度等级稍低，而比强度较高；弹性模量较小，收缩、徐变较大；导热系数较小，保温性能优良；抗渗、抗冻和耐火性能良好。

预制构件尺寸大、重量大，对于起重设备要求高，若用轻质混凝土制作，可降低构件重量，方便吊运和施工；同时，一些大开间的墙板，由于重量太重，超出工厂或工地起重机能力而无法做成整间板，这时可采用轻质混凝土做成整间板，为装配式建筑施工带来便利。

轻质混凝土主要是用轻质骨料来替代砂石，轻质骨料具有孔隙率高、表观密度小的优点。用于PC构件生产的轻质混凝土的轻骨料必须是憎水型的；轻质混凝土因具有良好的隔热性能，用其制作外墙板或夹心保温板的外叶板，可以减小保温层的厚度。当然，PC构件生产用的轻质混凝土的物理力学性能应当符合装配式建筑有关国家标准。

3. 装饰混凝土

装饰混凝土是指具有装饰功能的水泥基材料，包括清水混凝土、彩色混凝土、彩色砂浆等，装饰混凝土一般用于PC构件表皮，包括直接裸露的柱构件、剪力墙外墙板、装配式结构幕墙外挂墙板、夹心保温构件的外叶板等。

装饰混凝土在尺寸、构造、颜色、轻重、造型等方面不像石材那样受到资源、运输、加工、安装等方面的约束，因而建筑师可以充分发挥想象力和表现力。在工厂进行构件的制作中，可以预制各种建筑装饰混凝土构件。在我国香港等地，预制装饰混凝土构件装配式房屋就有不少杰作。

彩色混凝土的艺术处理方法很多，如在混凝土表面做出线型、纹饰、图案、色彩等，以满足建筑立面、地面或屋面不同的美化效果。用于预制构件面层的装饰混凝土有以下几种处理方式。

（1）表面彩色混凝土。在混凝土表面着色，一般选择彩色水泥、白色水泥、彩色石子、白色石子作为常用的着色材料，根据饰面色彩及质感要求，合理配比并制作成彩色饰面料。制作时先铺于模板底，厚度不小于10mm，再在其上浇筑普通混凝土。此外，还有一种在新浇筑混凝土表面上干撒着色硬化剂显色，或采用化学着色剂掺入已硬化混凝土的毛细孔中，生成难溶且抗磨的有色沉淀物而呈现色彩。

（2）整体彩色混凝土。一般由白色水泥或彩色水泥、白色石子或彩色石子、白色或彩色石屑以及水等配制而成。混凝土整体着色既可满足建筑装饰的要求，又可满足建筑结构基本坚固性能的要求。

（3）立面彩色混凝土。通过模板，利用普通混凝土结构本身的造型、线型或几何外形，取得简单、大方、明快的立面效果，使混凝土获得装饰性。如果在模板构件表面浇筑出凸凹纹饰，可使建筑立面更加富有艺术性。

3.2.2 钢筋

钢筋也是预制构件的主材之一。钢筋一方面用于预制构件的配筋，另一方面还用于制作预制构件连接材料，如螺旋加强筋、构件脱模或安装用的吊环、预埋件或内埋式螺母的锚固等。因此预制构件生产用的钢筋必须满足下列要求。

（1）钢筋的各项力学性能指标均应符合现行国家标准《混凝土结构设计规范（2015年版）》（GB 50010—2010）的规定。行业标准《装配式混凝土结构技术规程》（JGJ 1—2014）规定采用套筒灌浆连接和浆锚搭接连接的钢筋应采用热轧带肋钢筋，其屈服强度标准值不应大于500MPa，极限强度标准值不应大于630MPa。

（2）在装配式混凝土建筑结构设计时，考虑连接套筒、浆锚螺旋筋、钢筋连接和预埋件相对现浇结构“拥挤”，宜选用大直径高强度钢筋，以减少钢筋根数，避免间距过小对混凝土浇筑带来不利影响。

（3）钢筋焊接应符合现行行业标准《钢筋焊接网混凝土结构技术规程》（JGJ 114—2014）的规定。

（4）在预应力预制构件中会用到预应力钢丝、预应力钢绞线和预应力螺纹钢筋等，其中以预应力钢绞线最为常用。预应力钢绞线应符合《混凝土结构设计规范（2015 年版）》（GB 50010—2010）中相应的指标和要求。

（5）在预制构件的吊环制作中，所用钢筋应按照行业标准《装配式混凝土结构技术规程》（JGJ 1—2014）的要求，应采用未经冷加工的 HPB300 级钢筋制作。

（6）预制构件不能使用冷拔钢筋。当用冷拉法调直钢筋时，必须控制冷拉率。光圆钢筋冷拉率小于 4%，带肋钢筋冷拉率小于 1%。

3.2.3 型钢和钢板

在装配式建筑结构中，型钢和钢板也是较为常用的材料。型钢是一种有一定截面形状和尺寸的条形钢材。型钢可以在工厂直接热轧而成，或采用钢板切割，焊接而成。按照钢的冶炼质量不同，型钢可分为普通型钢和优质型钢。普通型钢按照其断面形状又可分为工字钢、槽钢、角钢、圆钢等。

型钢的材料要求：装配整体式结构中，钢材的各项性能指标均应符合现行国家标准《钢结构设计标准》（GB 50017—2017）的规定，型钢钢材宜采用 Q235 等级 B、C、D 的碳素结构钢及 Q345 等级 B、C、D、E 的低合金高强度结构钢。

钢板是矩形的平板状钢材，可直接轧制或由宽钢带剪切而成。钢板按照厚度（d）可分为薄板（d<4mm）、中板（d＝4～20mm）、厚板（d＝20～60mm）、特厚板（d>60mm）；按照生产方法分为热轧钢板和冷轧钢板。装配式建筑结构用钢板的各项性能指标应满足国家标准《建筑结构用钢板》（GB/T 19879—2015）的规定，钢板型号一般用 Q235GJ～Q460GJ 的 B、C、D、E 级及 Q500GJ～Q690GJ 的 C、D、E 级。

PC 构件模具以钢模为主，面板主材选用 Q235 钢，支撑结构可选型钢或者钢板，规格可根据模具形式选择，所用的型钢和钢板必须具有足够的承载力、刚度和稳定性，保证在构件生产时能可靠承受浇筑混凝土的重量、侧压力及工作荷载。

3.3 连 接 材 料

3.3.1 连接钢材

连接钢材应符合现行国家标准《碳素结构钢》（GB/T 700—2006）和《低合金高强度结构钢》（GB/T 1591—2018）的有关规定。连接钢筋应采用强度不小于 400MPa 的带肋钢筋。

此外浆锚搭接方式在浆锚孔周围用螺旋箍筋约束时，所用钢筋的材质应符合 3.2.2 节相关的要求。而钢筋的直径，螺旋圈直径和螺旋间距根据设计要求确定。

3.3.2 焊材

在节点连接时涉及钢筋与钢筋、钢筋与钢板、钢板与钢板的连接，其焊接用的焊条或焊剂需满足以下要求。

（1）手工焊接选用的焊条应符合现行国家标准《非合金钢及细晶粒钢焊条》（GB/T 5117—2012）、《热强钢焊条》（GB/T 5118—2012）的相关规定。

（2）自动焊接或半自动焊接选用的焊丝和焊剂，应符合现行国家标准《熔化焊用钢丝》（GB/T 14957—1994）、《气体保护电弧焊碳钢、低合金钢焊丝》（GB/T 8110—2008）的有关规定。

3.3.3 灌浆套筒

灌浆套筒用于钢筋连接，一般是金属材质的圆筒，预埋于预制构件中。两端均采用套筒灌浆料连接的套筒为全灌浆套筒，如图 3-1（a）所示。一端采用套筒灌浆连接方式，另一端采用机械连接方式（如螺旋方式）的套筒，即半灌浆套筒，如图 3-1（b）所示。灌浆套筒是《装配式混凝土结构技术规程》（JGJ 1—2014）推荐的主要接头连接方式，主要用于纵向钢筋的连接。

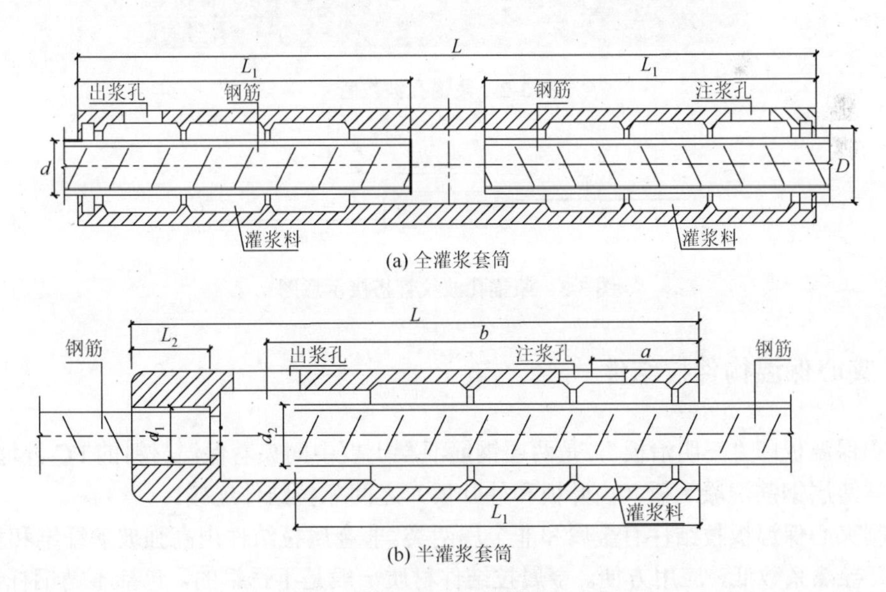

图 3-1 灌浆套筒工作原理示意图

L 表示灌浆套筒总长；L_1 表示锚固长度；L_2 表示预制端锚固长度；d 表示灌浆套筒内径；D 表示灌浆套筒锚固段环形凸起部分的内径；a 表示注浆孔中心至套筒端部距离；b 表示现场装配端预留钢筋安装长度；d_1 表示内螺纹的公称直径；d_2 表示半灌浆套筒灌浆端套筒内径

钢筋套筒的使用和性能应符合现行的行业标准《钢筋套筒灌浆连接应用技术规程》

（JGJ 355—2015）、《钢筋连接用灌浆套筒》（JG/T 398—2019）的规定。其中行业标准《钢筋套筒灌浆连接应用技术规程》（JGJ 355—2015）明确规定：钢筋套筒灌浆连接接头的抗拉强度不应小于连接钢筋抗拉强度标准值，且破坏时应断于接头外钢筋。

3.3.4 浆锚孔波纹管

浆锚孔波纹管（图 3-2）是浆锚搭接连接方式用的材料，预埋于 PC 构件中，形成浆锚孔内壁。在钢筋浆锚搭接的连接（图 3-3）中，当采用预埋金属波纹管时，宜采用软钢制作，波纹高度不应小于 2.5mm，壁厚不宜小于 0.3mm；表面镀锌层重量每平方米不宜小于 60g。金属波纹管性能应符合现行行业标准《预应力混凝土用金属波纹管》（JG 225—2007）的规定。当钢筋直径大于 20mm 时，钢筋连接不宜采用金属波纹管浆锚搭接连接；直接承受动力荷载的构件纵向钢筋连接不宜采用金属波纹管浆锚搭接连接。

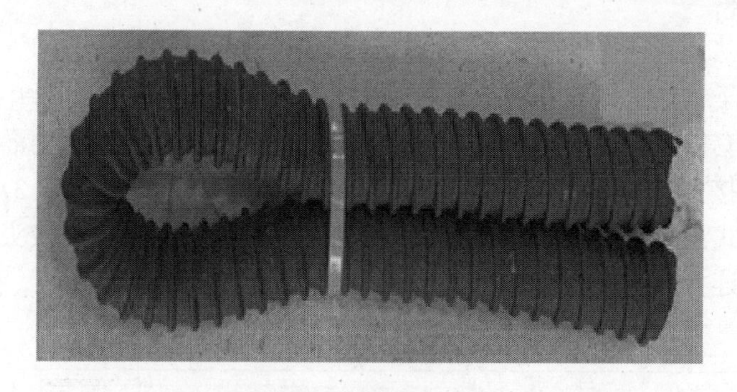

图 3-2　浆锚孔波纹管

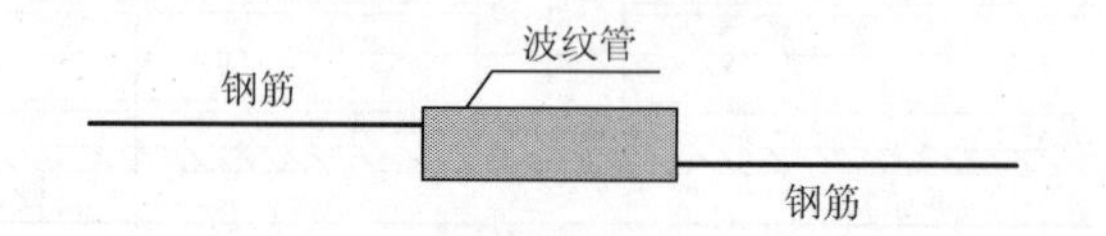

图 3-3　浆锚孔波纹管搭接示意图

3.3.5 夹心保温构件拉结件

夹心保温板即“三明治板”，是两层钢筋混凝土板中间夹着保温材料的 PC 外墙构件。保温板与两层钢筋混凝土板（内叶板和外叶板）之间靠拉结件连接。

预制夹心保温板拉结件有金属和非金属两类。非金属拉结件由高强玻璃纤维和树脂材质制成，导热系数低，应用方便。金属拉结件材质一般是不锈钢的，包括不锈钢杆、不锈钢板和不锈钢圆筒等类型。

外墙保温拉结件（图 3-4 为纤维增强复合材料拉结件，即 FRP 拉结件）是用于连接预制保温墙体和内、外层混凝土墙板的连接器，传递墙板剪力，以使内外层墙板形成整体。拉结件宜选用纤维增强复合材料或不锈钢薄钢板加工制成。供应商应提供明确的材料性能和连接性能技术指标，并符合相关技术标准。当有可靠依据时，也可以采用其他类型连接件。

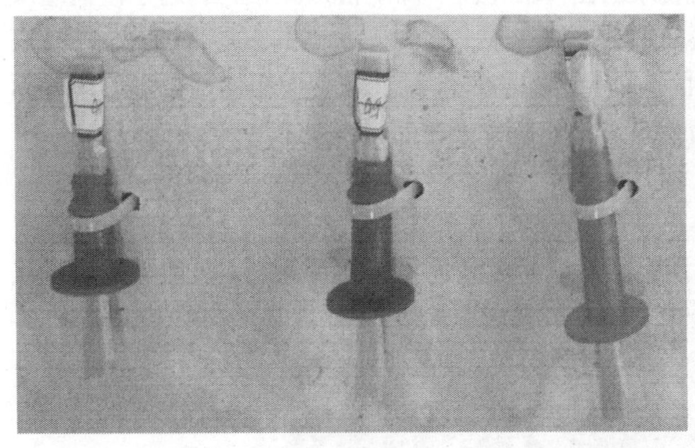
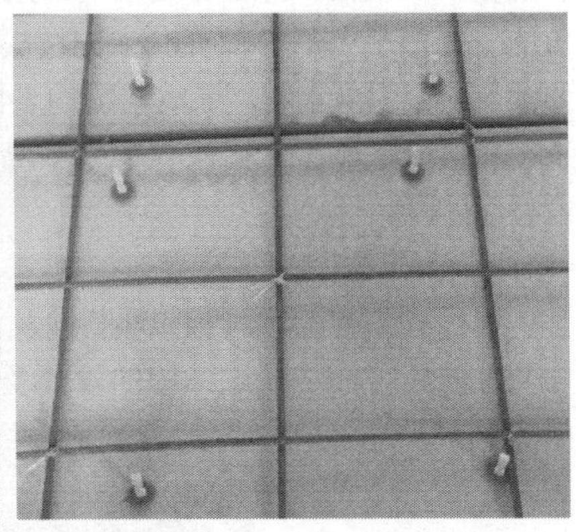

图 3-4　FRP 拉结件

（1）夹心外墙板中内外墙板的连接件应符合下列规定。

①金属及非金属材料连接件均应具有规定的承载力、变形和耐久性能，并应经过试验验证。

②连接件应满足夹心外墙板的节能设计要求。

（2）预制夹心保温墙板中内外墙体用连接件应满足下列规定。

①连接件采用的材料应满足现行相关标准的技术要求。

②连接件与混凝土的锚固力应符合设计要求，还应具有良好的变形能力，并应满足防腐和耐久性要求。

③连接件的密度、拉伸强度、拉伸弹性模量、断裂伸长率、热膨胀系数、耐碱性、防火性能、导热系数等性能应满足现行国家相关标准的规定，并应经过试验验证。

④拉结件应满足夹心外墙板的节能设计要求。

（3）连接件的设置方式应满足以下要求。

①棒状或片状连接件宜采用矩形或梅花形布置，间距一般为 400～600mm，连接件与墙体洞口边缘距离一般为 100～200mm，当有可靠依据时，也可按设计要求确定。

②连接件的锚入方式、锚入深度、保护层厚度等参数应满足设计要求和现行相关标准的规定。

3.3.6　混凝土湿连接面处理

混凝土湿连接主要是装配式建筑施工时，预制构件之间采用现浇混凝土方式连接。为加强预制构件与后浇混凝土之间的连接，预制构件与后浇混凝土的结合面应设置成相应的粗糙面和抗剪键槽。

1. 粗糙面

粗糙面处理即通过外力使预制部件与后浇混凝土结合处变得粗糙，露出碎石等集料。

其通常有人工凿毛法、机械凿毛法、缓凝水冲法三种方法。其中缓凝水冲法是指在部品构件混凝土浇筑前，将含有缓凝剂的浆液涂刷在模板壁上；浇筑混凝土后，利用已浸润缓凝剂的表面混凝土与内部混凝土的缓凝时间差，用高压水冲洗未凝固的表层混凝土，冲掉表面浮浆，显露出集料，形成粗糙的表面。缓凝水冲法是混凝土结合面粗糙度处理的一种新工艺，具有成本低、效果佳、功效高且易于操作的优点，目前应用广泛。

2. 抗剪键槽

装配式结构的预制梁、预制柱及预制剪力墙断面处需设置抗剪键槽。抗剪键槽设置尺寸及位置应符合装配式结构的设计及相关规范的要求。抗剪键槽面也应进行粗糙面处理，如图 3-5 所示。

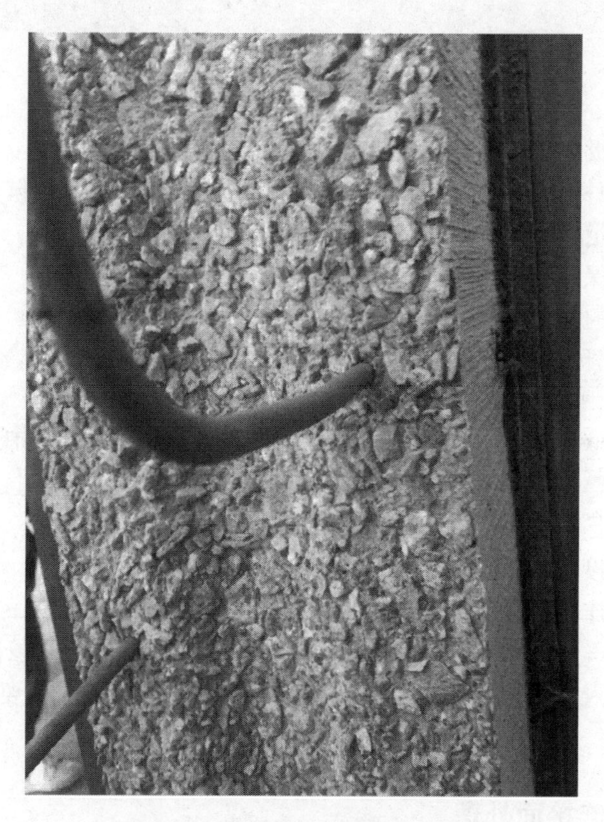

图 3-5　抗剪键槽面的粗糙面处理

3.4　辅助材料

PC 构件生产的辅助材料是指与预制构件有关的材料和配件，包括预埋螺母、预埋吊钉、预埋螺栓、预埋管线、预埋门窗、钢筋间隔件、密封胶等。本节主要介绍常用的预埋螺栓和预埋螺母、预埋吊钉、预埋管线及钢筋间隔件。

3.4.1 预埋螺栓和预埋螺母

预埋螺栓是将螺栓预埋在 PC 构件中，留出的螺栓丝扣用来固定构件，可起到连接固定作用。常见的做法是预制挂板通过在构件内预埋螺栓与预制叠合板或者阳台板进行连接，还有为固定其他构件而预埋螺栓。与预埋螺栓相对应的另一种方式是预埋螺母。预埋螺母（图 3-6）的应用较预埋螺栓广泛，其优点是构件的表面没有凸出物，便于运输和安装。对于小型 PC 构件，预埋螺栓和预埋螺母在不影响正常使用和满足起吊受力性能的前提下也当作吊钉使用。

图 3-6 预埋螺母

3.4.2 预埋吊钉

PC 构件以前的预埋吊件主要为吊环，现在多采用圆头吊钉、套筒吊钉、平板吊钉等，如图 3-7 和图 3-8 所示。

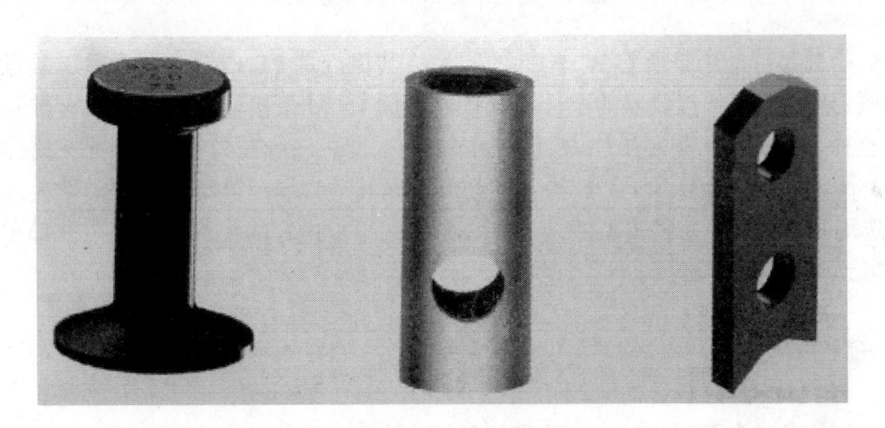

图 3-7 圆头吊钉、套筒吊钉、平板吊钉

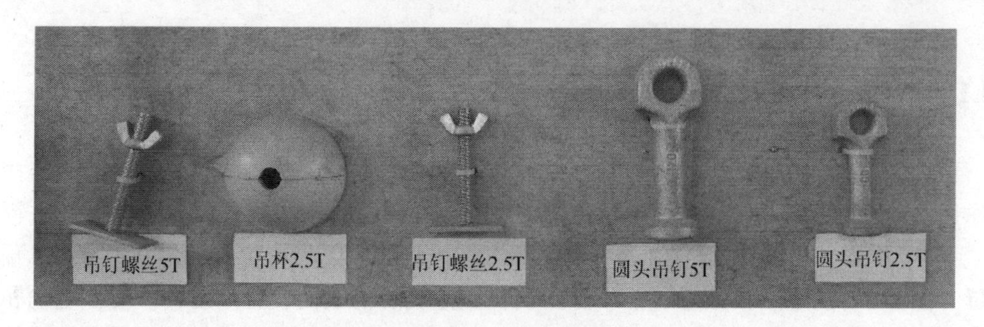

图 3-8　吊钉螺丝、吊杯、圆头吊钉

（1）圆头吊钉适用于所有 PC 构件的起吊。例如，墙体、柱子、横梁、水泥管道。常用规格有 1.3T、2.5T、5T 等。吊钉主要用于预制构件的起吊与脱模，分带孔与不带孔两种。不带孔的适用于内墙、梁、楼梯等大型预制构件，构件荷载通过圆脚传递到周围混凝土中。吊钉螺丝规格有 2.5T、5T 等，吊杯规格有 1.3T、2T、2.5T、5T、7.5T（安全荷载），用于配合圆头吊钉使用，在预埋吊钉的时候形成保护腔，避免混凝土覆盖吊钉。还有一种带孔的圆头吊钉。通常，在尾部的孔中栓上锚固钢筋，以增强圆头吊钉在预制混凝土中的锚固力。圆头吊钉和吊杯的安装示意图如图 3-9 所示。

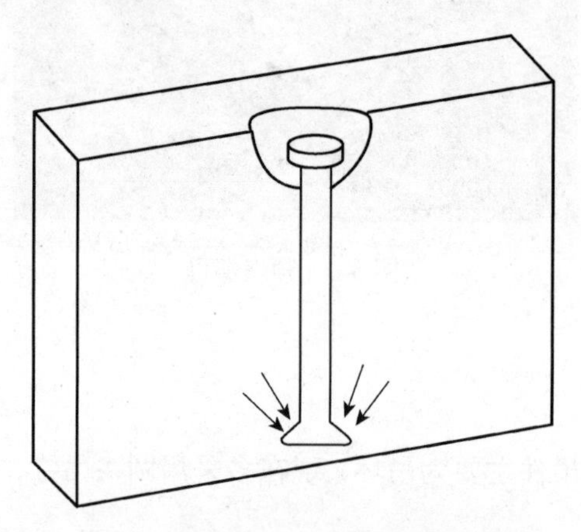

图 3-9　圆头吊钉和吊杯安装示意图

（2）套筒吊钉适用于所有 PC 构件的起吊。其优点是 PC 构件表面平整；缺点是采用螺纹接驳器时，需要将接驳器的丝杆完全拧入套筒中，如果接驳器的丝杆没有拧到位或接驳器的丝杆受到损伤，其起吊能力可能会降低。因此，较少在大型构件中使用套筒吊钉。

（3）平板吊钉适用于所有 PC 构件的起吊，尤其适合墙板类薄型构件，平板吊钉种类繁多，选用时应根据厂家的产品手册和指南选用。平板吊钉的优点是起吊方式简单，安全可靠，其运用越来越广泛。

3.4.3　预埋管线

预埋管线是指在预制构件中预先留设管道、线盒，用来穿管或预留洞口作为设备服务的通道。例如，在建筑设备安装时穿各种管线用的通道（如强弱电、给水、煤气等）。预埋管线通常为 PVC（聚氯乙烯）管、钢管或铸铁管，常见的线盒、线管等材料如图 3-10 所示。

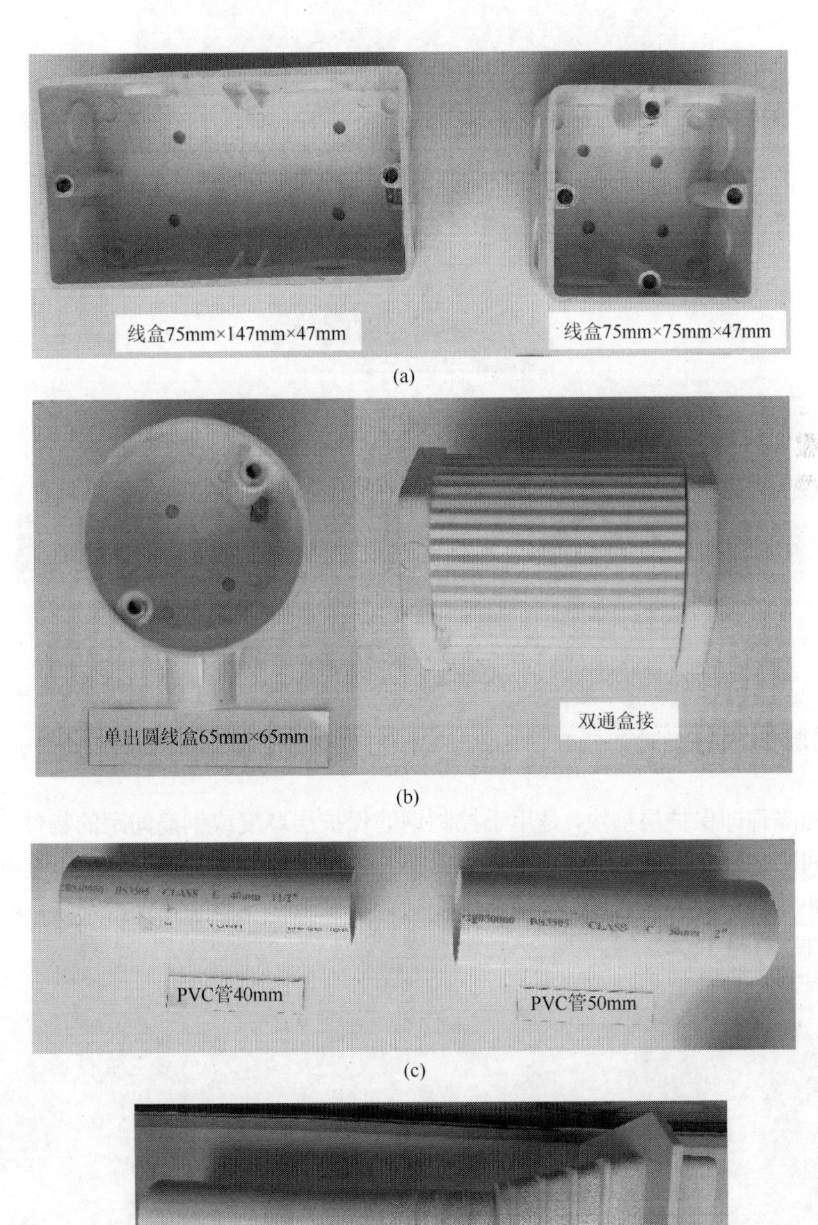

(a)

(b)

(c)

(d)

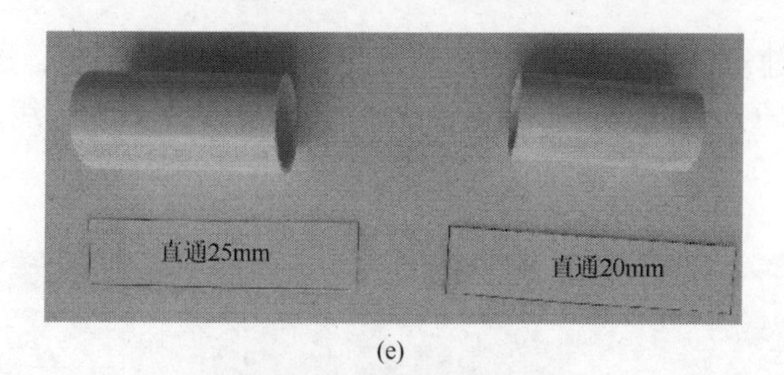

(e)

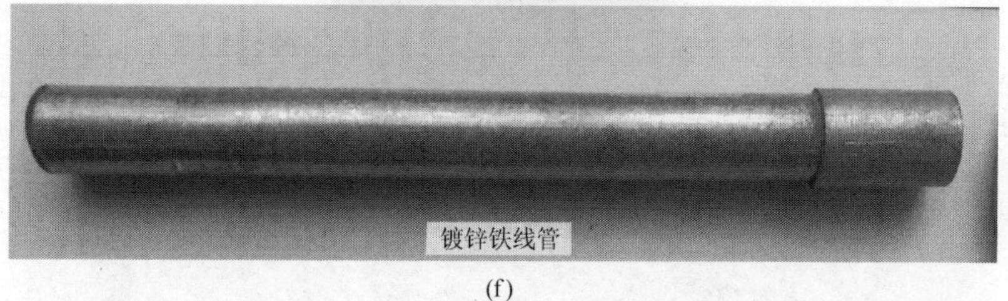

(f)

图 3-10　墙体的预埋线盒、线管

3.4.4　钢筋间隔件

钢筋间隔件即保护层垫块，是用于控制钢筋保护层厚度或钢筋间距的物件。常用的钢筋保护层间隔件有水泥基类、塑料类和金属类三种材质，需要根据不同的使用功能和位置正确选择和使用钢筋间隔件，一般预制构件制作不宜采用金属类钢筋间隔件，常用塑料类钢筋间隔件（图 3-11）。

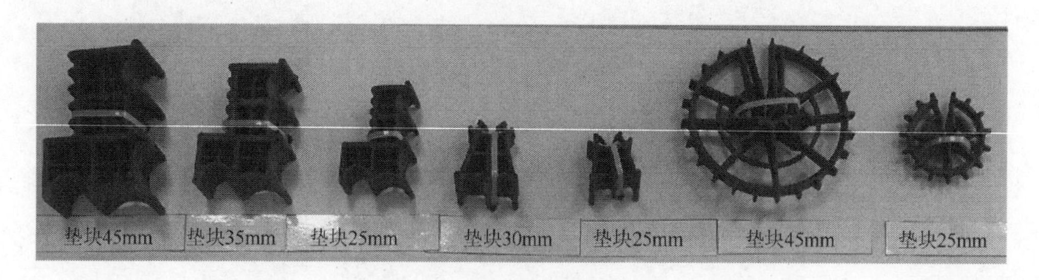

图 3-11　塑料类钢筋间隔件

装配式建筑的混凝土间隔件无论是预制构件还是现浇混凝土，都应当使用符合现行行业标准《混凝土结构用钢筋间隔件应用技术规程》（JGJ/T 219—2010）规定的钢筋间隔件，不得用石子、砖块、木块、碎混凝土等作为间隔件。选用原则如下。

（1）水泥砂浆间隔件强度低，不宜选用。

（2）混凝土间隔件的强度等级应当比预制构件混凝土的强度等级提高一个等级，且不应低于C30。

（3）不得使用断裂、破碎的混凝土块作为间隔件。

（4）塑料间隔件不得采用聚氯乙烯类塑料或二级以下再生塑料制作。

（5）不得使用老化断裂或缺损的塑料间隔件。

（6）金属间隔件可作为内部间隔件，不应作为构件表层间隔件；塑料类和水泥基类钢筋间隔件可作为构件表层间隔件。

（7）钢筋间隔件应具有足够的承载力、刚度，梁、柱等竖向间隔件的安放间距应根据间隔件的承载力和刚度确定，并应符合被间隔钢筋的变形要求。

（8）立式模具的表层间隔件宜采用环形间隔件，竖向间隔件宜采用水泥基类钢筋间隔件。

3.4.5 预埋件基本要求

预制构件用的预埋件及门窗框应满足以下要求。

（1）预埋件的材料、品种、规格、型号应符合现行国家相关标准的规定和设计要求。

（2）预埋门窗框应有产品合格证和出厂检验报告，品种、规格、性能、型材壁厚、连接方式等应满足设计要求和现行相关标准的要求。

（3）预埋件的材料、品种应按照预制构件制作图进行制作，并精确定位，预埋件的设置及检测应满足设计及施工要求。

（4）预埋件应按照不同材料、不同品种、不同规格分类存放并标识。

（5）预埋件应进行防腐防锈处理并应满足现行国家标准《工业建筑防腐蚀设计标准》（GB/T 50046—2018）、《涂覆涂料前钢材表面处理 表面清洁度的目视评定》（GB/T 8923.1—2011、GB/T 8923.2—2008、GB/T 8923.3—2009、GB/T 8923.4—2013）的有关规定。

（6）预埋管线的防腐防锈应满足现行国家标准《工业建筑防腐蚀设计标准》（GB 50046—2018）和《涂覆涂料前钢材表面处理 表面清洁度的目视评定》（GB/T 8923.1—2011、GB/T 8923.2—2008、GB/T 8923.3—2009、GB/T 8923.4—2013）的规定。

（7）当门窗（副）框直接安装在预制构件中时，应在模具上设置弹性限位件进行固定；门窗框应采取包裹或者覆盖等保护措施，生产和吊装运输过程中不得污染、划伤和损坏。

（8）防水密封胶条应有产品合格证和出厂检验报告，其质量和耐久性应满足现行相关标准要求。制作时，防水密封胶条不应在构件转角处搭接，节点防水的检查措施应到位。

3.5 保温材料

保温材料按照材料性质来分类，大体上可分为有机材料、无机材料和复合材料。不同保温材料性能各异，其中材料的导热系数数值的大小是衡量保温材料的重要指标。常用的保温材料有聚苯乙烯泡沫（EPS）、挤塑聚苯乙烯泡沫塑料（XPS）、石墨聚苯乙烯板、真金板、泡沫混凝土板、泡沫玻璃保温板、发泡聚氨酯板（PIR）和真空绝热板。保温材料的基本性能要求如表 3-1 所示。

表 3-1　保温材料的基本性能要求

<table>
<tr><th rowspan="3">保温材料</th><th colspan="6">聚苯乙烯</th><th colspan="2">发泡聚氨酯板</th><th rowspan="3">酚醛</th><th rowspan="3">泡沫玻璃</th></tr>
<tr><th colspan="3" rowspan="2">聚苯乙烯泡沫</th><th colspan="3" rowspan="2">挤塑聚苯乙烯泡沫塑料</th><th rowspan="2">无表皮</th><th rowspan="2">有表皮</th></tr>
<tr></tr>
<tr><td>密度/
(kg/m^3)</td><td>11.2～14.4</td><td>17.6～22.4</td><td>28.8</td><td>20.8～25.6</td><td>28.8～25.2</td><td>48.0</td><td>32.0～96.1</td><td>32.0～96.1</td><td>32.0～48.0</td><td>107.0～147.0</td></tr>
<tr><td>吸水率/%</td><td>＜4.0</td><td>＜3.0</td><td>＜2.0</td><td colspan="3">＜0.3</td><td>＜3.0</td><td>1.0～2.0</td><td>＜3.0</td><td>＜0.5</td></tr>
<tr><td>抗压强度/kPa</td><td>34～69</td><td>90～103</td><td>172</td><td>103～172</td><td>276～414</td><td>690</td><td>110～345</td><td>110</td><td>68～110</td><td>448</td></tr>
<tr><td>抗拉强度/kPa</td><td colspan="3">124～172</td><td>172</td><td>345</td><td>724</td><td>310～965</td><td>3448</td><td>414</td><td>345</td></tr>
<tr><td>线膨胀系数
/(10^{-6}/℃)</td><td colspan="3">45.0～73.0</td><td colspan="3">45.0～73.0</td><td colspan="2">54.0～109.0</td><td>18.0～36.0</td><td>2.9～8.3</td></tr>
<tr><td>剪切强度/kPa</td><td colspan="3">138～241</td><td>—</td><td>241</td><td>345</td><td colspan="2">138～690</td><td>83</td><td>345</td></tr>
<tr><td>弯曲强度/kPa</td><td>69～172</td><td>207～276</td><td>345</td><td>276～345</td><td>414～517</td><td>690</td><td>345～1448</td><td>276～345</td><td>173</td><td>414</td></tr>
<tr><td>导热系数/
[W/(m·K)]</td><td>0.046～0.040</td><td>0.037～0.036</td><td>0.033</td><td colspan="3">0.029</td><td>0.026</td><td>0.014～0.022</td><td>0.023～0.033</td><td>0.050</td></tr>
<tr><td>最高可用温度/℃</td><td colspan="3">74</td><td colspan="3">74</td><td colspan="2">121</td><td>149</td><td>482</td></tr>
</table>

注：“—”表示无要求。

预制夹心保温构件的保温材料应符合以下要求。

（1）预制夹心保温构件的保温材料除应符合现行相关标准的要求外，还应符合设计和当地消防部门的相关要求。

（2）保温材料和填充材料应按照不同材料、不同规格进行储存，应具有相应的防护措施。

（3）保温材料和填充材料在进厂时应查验出厂检验报告及合格证明书，同时，按规定要求进行复检。

夹心外墙板宜采用挤塑聚苯乙烯泡沫塑料或发泡聚氨酯板作为保温材料。夹心外墙板中的保温材料导热系数不宜大于 0.040W/（m·K），吸水率不宜大于 0.3%，燃烧性能不应低于现行国家标准《建筑材料及制品燃烧性能分级》（GB 8624—2012）中 B2 级的要求。

3.6 装饰材料

当装配式建筑采用全装修方式建造时，还会使用到外装饰材料，如涂料和面砖等。其材料性能质量应满足现行相关标准和设计要求。当采用面砖饰面时，宜选用背面带燕尾槽的面砖，燕尾槽尺寸应符合工程设计和相关标准要求。其他外装饰材料应符合相关标准的规定。

外装饰材料应符合以下要求。

（1）石材、面砖、饰面砂浆及真石漆等外装饰材料应有产品合格证和出厂检验报告，质量应满足现行相关标准的要求。装饰材料进厂后应按规范的要求进行复检。

（2）石材和面砖应按照预制构件设计图编号、品种、规格、颜色、尺寸等分类标识存放。

（3）当采用石材或瓷砖饰面时，其抗拔力应满足相关规范及安全使用的要求。当采用石材作为饰面时，应进行防酸防碱处理。厚度在 25mm 以上的石材宜采用锚固件连接。瓷砖背沟深度应满足相关规范的要求。面砖采用反贴法时，使用的黏结材料应满足现行相关标准的要求。

思考题

1. PC 构件制作常用的材料有哪些？如何分类？
2. PC 构件常见的连接方式有哪些？灌浆套筒的分类及其连接机理是什么？
3. 混凝土湿连接面的处理方式有哪几种？
4. 常用的预埋件有哪些？

4 PC构件原材料采购与存储

本章介绍PC构件工厂原材料的采购与存储管理，包括原材料采购原则、原材料入厂检验、原材料存储等。

4.1 原材料采购原则

制作PC构件所用的原材料须符合以下准则。

（1）必须符合国家、行业和地方有关标准的规定。

（2）必须符合设计图样要求。

（3）设计单位或建设单位指定原材料厂家或产品品牌的，应按照设计单位或建设单位的要求采购；没有指定厂家或品牌的，应当由工厂技术部、实验室和采购部共同选择厂家和品牌，工厂总工程师或技术负责人决定。

（4）禁止采购没有质量保证和检验文件的原材料。

（5）PC构件主要原材料有水泥、钢筋、套筒、预埋件、内埋式螺母、拉结件、粗细骨料、外加剂、矿物掺合料、钢筋间隔件、修补料等。

制作PC构件的原材料选购应尽量选择优质名牌产品。

4.2 原材料入厂检验

对于生产同一批次或同一类型的预制构件所采购的原材料，在入库前必须进行入厂检验。原材料及配件应按照国家现行有关标准、设计文件及合同约定进行进场检验，检验包括核对品牌批次、数量验收和质量检验等。

4.2.1 核对品牌批次

对照采购单，核对产品名称、生产厂家、生产批次、规格、型号、生产日期等。

4.2.2 数量验收

（1）水泥、钢材、外加剂、矿物掺合料按重量验收，计量单位均为t。水泥、外加剂、矿物掺合料进场需用电子地磅进行检斤称重；钢材需要分规格进行检斤称重。

（2）骨料按体积或重量验收数量，计量单位为m^3或t。骨料进场需用电子地磅进行检斤称重，再经过实验室实测的骨料密度，来计算出骨料的实际体积，计量单位为m^3。

（3）预埋件、套筒、拉结件按个数验收数量，计量单位为个，生产厂家提供进货数量，由仓库保管员进行清点核实数量。

（4）保温材料按体积验收数量，计量单位为 m^3。按生产厂家提供的进货数量，由仓库保管员进行清点核实。

（5）如果窗户与 PC 一体化制作，必须对窗框及窗扇进行专门验收。除了对套数进行核查外，还要对窗户的用材、尺寸及其质量进行验收。

（6）装饰面材料或面砖按面积或块数进行验收，计量单位为 m^2 或块。

4.2.3 质量检验

材料质量检验按照《装配式混凝土建筑技术标准》（GB/T 51231—2016）、《装配式建筑预制混凝土构件生产技术导则》等相关规范进行检验。本部分将详细介绍钢筋、灌浆套筒、金属波纹管、保温板拉结件、钢筋间隔件、预埋件、水泥、粉煤灰、矿粉、骨料、轻集料、外加剂和拌合用水等原材料的质量检验的具体要求。

1. 钢筋

（1）受力钢筋宜采用屈服强度标准值为 300MPa、400MPa 和 500MPa 的热轧钢筋。

（2）PC 构件所用钢筋进厂时，应抽取试件做屈服强度、抗拉强度、伸长率、弯曲性能和重量偏差检验，检验结果应符合现行国家标准《钢筋混凝土用钢 第 1 部分：热轧光圆钢筋》（GB/T 1499.1—2017）、《钢筋混凝土用钢 第 2 部分：热轧带肋钢筋》（GB/T 1499.2—2018）的相关规定。

（3）检测数量：每批由同一牌号、同一炉罐号、同一尺寸的钢筋组成。每批重量通常不大于 60t。超过 60t 的部分，每增加 40t（或不足 40t 的余数），增加一个拉伸试验试样和一个弯曲试验试样。检验方法：检查质量证明文件和抽样复验报告。

（4）PC 构件所用点焊钢筋网应符合《钢筋焊接网混凝土结构技术规程》（JGJ 114—2014）、《冷轧带肋钢筋混凝土结构技术规程》（JGJ 95—2011）的有关规定。

（5）PC 构件所用钢筋桁架应符合现行行业标准《钢筋混凝土用钢筋桁架》（YB/T 4262—2011）的要求。

（6）钢筋进厂后应按批次的品种、级别和直径分类堆放在采取防锈防蚀措施的地方，并注明产地、品种、级别、直径和质量检测状态等。

2. 灌浆套筒

由同一批号、同一类型、同一规格且不超过 1000 个灌浆套筒组成一个验收批次。

验收质量证明书、型式检验报告等资料应与灌浆套筒一致，且在有效期内。型式检验报告应由灌浆套筒提供单位提交并满足下列要求。

（1）工程中应用的各种钢筋强度级别、直径对应的型式检验报告应齐全，结果合格有效。

（2）型式检验报告送检单位与现场接头提供单位应一致。

（3）型式检验报告中接头类型、灌浆套筒规格、级别、尺寸、灌浆料型号与产品应一致。

（4）型式检验报告应在四年有效期内，日期可按灌浆套筒进厂验收日期确定。

灌浆套筒进厂时，应按组、批次规则的要求从每一检验批次中随机抽取 10 个灌浆套筒进行外观、标识、尺寸偏差的验收，基本要求如下。

（1）灌浆套筒外表面不应有影响使用性能的夹渣、冷隔、砂眼、缩孔、裂纹等质量缺陷。

（2）机械加工灌浆套筒表面不应有裂纹或影响接头性能的其他缺陷，端面或外表面的边棱处应无尖棱、毛刺。

（3）灌浆套筒外表面标识应清晰。

（4）灌浆套筒表面不应有锈皮。

灌浆套筒进厂时，每一检验批次应抽取 3 个灌浆套筒并采用与之匹配的灌浆料制作对中连接接头试件，同时进行抗拉强度试验，接头的抗拉强度不应小于连接钢筋的抗拉强度标准值，且破坏时应断于接头外钢筋。此项试验是行业标准强制性试验项目。

3. 金属波纹管

由同一钢带厂同一批钢带生产的不超过 50 000m 金属波纹管组成一个验收批次。

验收质量证明书、型式检验报告等资料应与金属波纹管一致且在有效期内。型式检验报告应由金属波纹管提供单位提交，并满足下列要求。

（1）工程中应用的不同波纹数量、不同截面形状、不同刚度特性的金属波纹管的型式检验报告应齐全，结果合格有效。

（2）型式检验报告送检单位与现场金属波纹管提供单位应一致。

（3）型式检验报告中金属波纹管的波纹数量、截面形状、刚度特性与产品应一致。

（4）型式检验报告应在两年有效期内，日期可按金属波纹管进厂验收日期确定。

金属波纹管进厂时，外观应逐根全数验收，尺寸应按组、批次规则的要求从每一检验批次中随机抽取 3 根金属波纹管进行验收，外观、尺寸应满足以下要求。

（1）金属波纹管外表面不应有锈蚀、油污、附着物、孔洞和不规则的褶皱，咬口无开裂、脱扣。

（2）圆形金属波纹管内径尺寸允许偏差范围为±0.5mm。

金属波纹管进厂时验收有不合格项时，应对不合格项加倍取样复试，复试仍不合格的应拒收。

4. 保温板拉结件

由同一厂家、同一材质、同一品种的不超过 1000 个（套）保温拉结件组成一个验收批次。

验收质量证明书、型式检验报告等资料应与材料实物一致且在有效期内；型式检验报告应由保温板拉结件提供单位提交，并满足下列要求。

（1）保温板拉结件的型式检验报告应齐全，结果合格有效。

（2）型式检验报告送检单位与现场保温板拉结件提供单位应一致。

（3）型式检验报告宜在两年有效期内，日期可按材料进厂验收日期确定。

保温板拉结件外观、尺寸验收宜根据保温板拉结件的质量证明文件和有关的标准进行验收，符合标准和要求。

（1）保温板拉结件外表面不应有扭曲、变形、开裂等。

（2）保温板拉结件尺寸应符合产品质量文件或有关的标准。

拉结件须具有专门资质的第三方检测厂家进行相关材料力学性能的检验，其检验结果应合格。

5. 钢筋间隔件

验收合格证、质量证明书及有关试验报告等资料应与材料实物一致且在有效期内。有关试验报告应由间隔件提供单位提交，并满足下列要求。

（1）有承载力要求的，应提供承载力试验报告，试验结果应合格。

（2）有抗渗要求的，应提供抗渗试验报告，试验结果应合格。

（3）混凝土类间隔件的强度应比预制构件的混凝土强度等级要高一个等级，且不应低于 C30。

钢筋间隔件的形状、尺寸应符合下列要求。

（1）钢筋间隔件应满足保护层厚度或钢筋间距的要求，有利于混凝土浇筑密实不至于形成孔洞。

（2）钢筋间隔件上的卡扣、槽口应完好且能与钢筋相适配并牢固定位。

6. 预埋件

由同一厂家、同一材质、同一规格、同一品种的不超过 1000 个（套）预埋件组成一个验收批次。

用于结构受力的预埋件逐个验收，其余预埋件外观质量按 1%频率进行验收，其他项目每个检验批随机抽取 3 个进行检验，所有检验结果都应合格。

用于预制构件的预埋件通常包括预埋钢板（钢板预埋件），预埋螺栓、螺母，预埋吊件等，其中预埋吊件又可分为钢筋螺母埋件、吊钉、吊环、钢丝绳吊扣等。预埋件应根据不同种类和用途进行验收。

1）预埋钢板

验收合格证、质量证明书及有关试验报告等资料应与材料实物一致，且在有效期内。有关试验报告应由预埋件提供单位提交，并满足下列要求。

（1）钢板与锚固钢筋应提供材料力学性能试验报告，试验结果应合格。

（2）钢板与锚固钢筋的焊点性能试验结果应合格。

（3）其他参数检验报告，检验结果应合格。

预埋钢板外观、尺寸应符合下列要求。

（1）钢板与锚固钢筋的焊接点应饱满，无夹渣、虚焊。

（2）预埋件表面镀层应光洁，厚度均匀，无漏涂，镀层工艺应符合要求。

（3）预埋件应无变形，各部位尺寸应满足相关规范或产品质量的要求。

（4）锚固钢筋的规格、弯折长度、弯曲角度应满足要求。

（5）钢板上预留的孔或螺孔位置偏差应在允许偏差范围内，螺纹应能满足使用要求。

2）预埋螺栓、螺母

验收合格证、质量证明书及有关试验报告等资料应与材料实物一致，且在有效期内。有关试验报告应由预埋件提供单位提交，并满足下列要求。

（1）预埋螺栓、螺母应提供力学性能试验报告，试验结果应合格。

（2）预埋螺栓、螺母应提供外观尺寸、螺纹长（深）度等相关性能检测报告，试验结果应合格。

（3）其他参数检验报告，检验结果应合格。

预埋螺栓、螺母外观、尺寸应符合下列要求。

（1）预埋螺栓、螺母外观尺寸应符合设计要求。

（2）预埋螺栓、螺母的丝牙应符合相关要求，螺纹有效长度或螺孔深度应符合相关要求。

（3）表面镀层应光洁，厚度均匀，无漏涂，镀层工艺应符合要求。

（4）底部带孔的，孔径应符合要求，无变形。

3）预埋吊件

验收合格证、质量证明书及有关试验报告等资料应与材料实物一致，且在有效期内。有关试验报告应由预埋件提供单位提交，并满足下列要求。

（1）预埋吊钉或钢丝绳吊扣应提供力学性能试验报告，试验结果应合格。

（2）预埋吊点的钢筋螺母埋件应提供外观尺寸、螺纹长（深）度等相关性能检测报告，试验结果应合格。

（3）其他参数检验报告，检验结果应合格。

预埋吊件外观、尺寸应符合下列要求。

（1）预埋吊件外观尺寸应符合设计要求。

（2）预埋吊件的丝牙应符合相关要求，螺纹有效长度或螺孔深度应符合相关要求。

（3）预埋吊钉的长度、挂扣点形状、锚固端形状等应符合要求。

（4）钢丝绳的质量应符合相关要求，长度满足设计要求，无断丝、无锈迹、无油污。

（5）表面镀层应光洁，厚度均匀，无漏涂，镀层工艺应符合要求。

（6）底部带孔的，孔径应符合要求，无变形。

除此之外，吊环等应定期检查，每个现建工程完毕后，把吊环回收材料库，检查是否合格，并按要求分成三类：①新吊环；②旧吊环检验合格可使用；③报废不可使用。

7. 水泥

水泥应选用强度等级不低于 42.5MPa 的普通硅酸盐水泥或硅酸盐水泥，并对水泥的强度、安定性和凝结时间进行检验，检验结果应符合现行国家标准《通用硅酸盐水泥》（GB 175—2007）的有关规定。

检查数量：按同一厂家、同一品种、同一代号、同一强度等级、同一批号且连续进场的水泥，袋装不超过 200t 为一批，散装不超过 500t 为一批，每批抽样数量不应少于一次。

检验方法：检查质量证明文件和抽样复验报告。

8. 粉煤灰

粉煤灰应检验其细度、需水量比、烧失量、含水量、三氧化硫、游离氧化钙、安定性，检验结果应符合现行国家标准《用于水泥和混凝土中的粉煤灰》（GB/T 1596—2017）中的Ⅰ级或Ⅱ级的各项技术性能及质量指标。

检查数量：按同一厂家、同一品种、同一批号且连续进场的粉煤灰不超过200t为一批，每批抽样数量不应少于一次。检验方法：检查质量证明文件和抽样复验报告。

9. 矿粉

矿粉应检验其密度、比表面积、活性指数、流动度比、含水量、三氧化硫等（如掺有石膏还应增加烧失量），检验结果应符合现行国家标准《用于水泥、砂浆和混凝土中的粒化高炉矿渣粉》（GB/T 18046—2017）中的S95级、S105级的各项技术性能及质量指标。

检查数量：按同一厂家、同一品种、同一批号且连续进场的矿粉不超过200t为一批，每批抽样数量不应少于一次。检验方法：检查质量证明文件和抽样复验报告。

10. 骨料

砂宜选用细度模数为2.6～2.9的Ⅱ区中砂，同时宜选用含泥量小于1%的天然砂或机制砂；砂进厂时，应对砂的颗粒级配、含泥量、泥块含量等进行检验，对于人工砂及混合砂，还应检验石粉含量，检验结果应符合现行行业标准《普通混凝土用砂、石质量及检验方法标准》（JGJ 52—2006）的有关规定，不得使用海砂及特细砂。

石子应根据预制构件的尺寸选用相应粒径的连续级配，宜选用公称粒径为5～25mm的碎石，满足连续级配要求，针片状物质含量小于10%，孔隙率小于47%，含泥量小于0.5%；石子进厂时，应对石子的颗粒级配、含泥量、泥块含量进行检验，对于碎石或卵石，还应检验针片状颗粒含量，检验结果应符合现行行业标准《普通混凝土用砂、石质量及检验方法标准》（JGJ 52—2006）的有关规定。

再生粗骨料进厂时，应对再生粗骨料的泥块含量、吸水率、压碎指标和表观密度进行检验，检验结果应符合现行国家标准《混凝土用再生粗骨料》（GB/T 25177—2010）和现行行业标准《再生骨料应用技术规程》（JGJ/T 240—2011）的有关规定。

检查数量：使用单位应按砂的同产地同规格分批验收。采用大型工具（如火车、货船或汽车）运输的，应以400m³或600t为一验收批；采用小型工具（如拖拉机等）运输的，应以200m³或300t为一验收批。不足上述量者，应按一验收批进行验收，当砂的质量比较稳定、进料量又较大时，可以1000t为一验收批。检验方法：检查抽样复验报告。

11. 轻集料

轻集料最大粒径不宜大于20mm，轻集料进厂时，轻粗集料应检验颗粒级配、堆积密度、粒型系数、筒压强度和吸水率，高强轻粗集料应检验强度标号；轻细集料应检验细度模数和堆积密度，检验结果应符合现行国家标准《轻集料及其试验方法 第1部分：轻集料》（GB/T 17431.1—2010）的有关规定。

检验数量：轻集料按类别、名称、密度等级分批检验与验收。每400m^{3}为一批、不足400m^{3}亦按一批计。检验方法：检查质量证明文件和抽样复验报告。

12. 外加剂

外加剂品种和掺量应通过实验室进行试配后确定，宜选用聚羧酸系高性能减水剂；混凝土外加剂进厂时，应对外加剂的密度、固含量、pH、减水率、含气量等进行检验，检验结果应符合现行国家标准《混凝土外加剂》（GB 8076—2008）的有关规定。

检查数量：按同一厂家、同一品种、同一性能、同一批号且连续进场的混凝土外加剂，不超过50t为一批，每批抽验数量不应少于一次。检验方法：检查质量证明文件和抽样复验报告。

13. 拌合用水

拌合用水应符合现行行业标准《混凝土用水标准》（JGJ 63—2006）的有关规定；未经处理的海水严禁用于钢筋混凝土和预应力混凝土。

须按照行业标准《装配式混凝土结构技术规程》（JGJ 1—2014）的要求，套筒灌浆料必须进行抗拉强度试验。由于工厂制作构件不需要灌浆料，工厂自身没有采购灌浆料的计划，所以必须根据图样或施工企业确定的灌浆料品种，采购试验用的灌浆料。

4.3 原材料存储

原材料存储时要注意：砂、石、钢筋不得露天堆放，粉状物料应采用筒仓储存方式。

4.3.1 水泥存放

（1）水泥要按照强度等级和品种分别存放在完好的散装水泥仓内。仓外要挂有标识牌；标明进库日期、品种、强度等级、生产厂家、存放数量。

（2）水泥储存时间不宜过长，以免受潮而降低水泥强度，一般水泥储存期为三个月，高级水泥为一个半月，快硬水泥为一个月，硅酸盐膨胀水泥为两个月，超过期限的，必须重新进行复试试验，合格后方可使用。

（3）存放水泥时，地面垫板要离地20～30cm，四周离墙30cm。袋装水泥堆垛10袋为宜，最高不超过15袋，各垛之间应留置宽度不小于70cm的通道。如果遇特殊情况需露天存放时，应在地势高、无积水、地面垫板高于30cm的地方堆放，并用雨布覆盖严密，防止雨露侵入使水泥受潮。

（4）水泥的储存应按照水泥到场时间的先后依次码放，做到先入先出、依序出库。

（5）库内要严禁烟火，电灯要人走灯灭，应配置齐备完好的防火用具，放在明显易取的位置，库管人员要学会操作消防器材。

4.3.2 钢材存放

1. 选择适宜的场地和库房

（1）保管钢材的场地或仓库，应选择清洁干净、排水通畅的地方，远离产生有害气体或粉尘的厂矿，场地内要清除杂草及一切杂物，保持钢材干净。

（2）在仓库里不得与酸、碱、盐、水泥等对钢材有侵蚀性的材料堆放在一起；不同品种的钢材应分别堆放，防止混淆，防止接触腐蚀。

（3）中小型型钢、盘条、钢筋、中口径钢管、钢丝及钢丝绳等，可在通风良好的料棚内存放，但必须上苫下垫。

2. 合理堆码、先进先放

（1）堆码的要求是在码垛稳固、确保安全的条件下，做到按品种、规格码垛，不同品种的材料要分别码垛，防止混淆和相互腐蚀。

（2）禁止在垛位附近存放对钢材有腐蚀作用的物品。

（3）垛底应垫高、坚固、平整，防止材料受潮或变形。

（4）同种材料按入库先后分别堆码，便于执行先进先发的原则。

（5）露天堆放的型钢，下面必须有木垫或条石，垛面略有倾斜，以利排水，并注意材料安放平直，防止造成弯曲变形。

（6）堆垛高度，人工作业的不超过1.2m，机械作业的不超过1.5m，垛宽不超过2.5m。

（7）垛与垛之间应留有一定的通道，检查通道一般为 0.5m，出入通道视材料大小和运输机械而定，一般为1.5～2.0m。

4.3.3 骨料存放

（1）骨料存放要按照品种、规格分别堆放，每堆要挂有标识牌，标明规格、产地、存放数量。

（2）骨料存储应具有防混料和防雨等措施。

（3）骨料存储应当有骨料仓或者专用的厂棚，不宜露天存放，防止对环境造成污染。

4.3.4 外加剂存放

在混凝土的生产过程中，有一个重要的配料就是外加剂的使用。外加剂对于水泥粒子有很强的分散作用。外加剂可全面提高和改善混凝土的各种性能，具有投资少、见效快、技术经济效益显著的特点。但是外加剂的化学性能也要求其运输和储藏必须遵守一些原则，否则会导致产品作业失效等情况。

（1）外加剂存放要按型号、产地分别存放在完好的罐槽内，并保证雨水等不会混进罐中。

（2）大多数液体外加剂有防冻需求，冬季必须在5°C以上环境存放。

（3）外加剂存放要挂有标识牌，标明名称、型号、产地、数量、入厂日期。

4.3.5　装饰材料存放

装饰材料经过验收以后，往往由于材料很多或者具体施工又延后，因此装饰材料需要在预制构件厂存放一段时间。在这段时间里，要避免不当存储，对材料造成伤害。

1. 材料需分类放置

材料要分类码放，同种材料、同一属性材料要归类整齐放置，相互间易污染的材料要分开放置；易燃危险品应在少人走动的安全处单独放置，材料要整齐放置。例如，油漆、涂料与板材不能混放；瓷砖不能放在砂、水泥上面。

2. 堆放于空闲的地方

材料放置位置应选择在没有装修项目的地方，不要靠近窗户、水源，不要放置在可能产生坠落伤人的位置，要防止材料被盗与丢失，为了方便墙面施工，可离墙0.8～1.0m。

3. 减少安全隐患

从安全角度出发，装饰材料尽量放在阴凉处，避免内部空气不流通、温度过高而引起燃烧造成火灾。还要尽量减少在工地堆放，这样可以减少事故发生，另外，作业时的电器、工具尽量与材料保持一段距离，带电作业时尽量远离材料。

4. 勤通风防污染

除了要尽量选用无毒和少毒的装饰材料，还要做好装修房间的通风和空气净化。在条件允许的情况下，要尽量让房间多通风；若没有条件，可安装室内通风装置和能降低室内有害气体的空气净化装置。

5. 防潮、防暴晒

在雨季购买材料时，可适当选择干燥些的，当材料进场后略放置一两天，使它与周围湿度相同。另外，板材要防止暴晒，如遇雨天湿度大时，储存时则需要采取防潮、防变形的措施。不要把板材、木料搁放在阳光直射的房间，阳光的照晒会加速木制品装饰的油漆和胶的老化。

4.3.6 预埋件、套筒、拉结件的存放

预埋件、套筒、拉结件要按类别、规格、型号分开存放在防水、通风、干燥环境中；存放要有标识。

4.3.7 保温材料存放

（1）保温材料应存放在干燥、平整、清洁和通风良好的地方，防雨、防风等防外界气候影响措施良好。

（2）保温材料应保留在原有的包装内，并用厚木板将其与地面隔离，并做好防潮和防尘措施。

（3）密封胶和油漆的存放应按照制造商的说明和适用的规定及规程存放，并远离火源，做好防火措施。

（4）运至现场的保温材料、部件的标识应完整，外形完好，并应放置在枕木或隔板上，露天施工时，应备防雨布或阻燃布。

（5）保温材料要存放在防火区域中，存放处配置灭火器。

（6）按类别、规格、型号分开存放。

4.3.8 修补材料存放

（1）液体修补材料应存放在避光环境中，温度高于5℃。

（2）粉状修补材料应存放在防水、干燥的环境中，并应进行遮盖。

思 考 题

1. 原材料入厂检验的项目有哪些？
2. 简述灌浆套筒的检验取样原则及检验项目。
3. 简述保温、装饰材料的存放原则。

5 预制构件混凝土配合比设计与试验方法

5.1 概 述

PC 构件用的混凝土其性能与普通商品混凝土有所不同，如香港有利集团制作的 PC 构件要求使用塑性混凝土，坍落度以 70～90mm 为宜；设计强度等级要求不低于 C30，早强型；24h 抗压强度不低于 13.5MPa，28d 抗压强度不低于 40MPa；耐久性方面要求抗渗性不低于 P6 等级，抗冻性不低于 F50 等级；水溶性氯离子最大含量小于 0.3%。同时，不同的预制构件对混凝土强度要求不一致，甚至同一构件不同部位对混凝土的强度要求也不一致，因此 PC 构件用的混凝土需要按照设计要求专门配制。

本章主要介绍预制构件常用的混凝土配合比设计理论方法及相关试验，包括普通混凝土配合比设计、高性能混凝土配合比设计、原材料性能试验和混凝土性能试验等。

5.2 普通混凝土配合比设计

混凝土配合比设计是根据设计要求的强度等级确定各组成材料之间的比例关系，即确定水泥、水、砂、石、外加剂、混合料之间的比例关系，使混凝土强度满足设计要求。

5.2.1 设计混凝土配合比的基本要求

设计混凝土配合比的基本要求主要包括：①满足混凝土设计的强度等级；②满足施工要求的混凝土和易性；③满足混凝土使用要求的耐久性；④满足上述条件下做到节约水泥和降低混凝土成本。

混凝土配合比设计过程一般分为四个阶段即初步配合比的计算、基准配合比的确定、试验配合比的确定和施工配合比的确定。通过这一系列的工作，从而确定混凝土各组分的最佳配合比例。

1. 强度要求

满足结构设计强度要求是混凝土配合比设计的首要任务。任何建筑物都会对不同结构部位提出“强度设计”要求。为了保证配合比设计符合这一要求，必须掌握配合比设计相关的标准、规范，结合使用材料的质量、生产水平、施工水平等因素，正确掌握高于设计强度等级的“配制强度”。配制强度毕竟是在实验室条件下确定的混凝土强度，在实际生产过程中影响强度的因素较多，因此还需要根据实际生产的留样检验数据，及时做好统计分析，必要时进行适当的调整，保证实际生产强度符合设计要求和《混凝土强度检验评定标准》(GB/T 50107—2010)的规定，这才是真正意义的配合比设计满足结构设计强度的要求。

2. 满足施工和易性的要求

根据工程结构部位、钢筋的配筋量、施工方法及其他要求，确定混凝土拌合物的坍落度，确保混凝土拌合物有良好的均质性，不发生离析和泌水，易于浇筑和抹面。

混凝土的和易性与混凝土浇筑场所、浇筑工艺、构件类型等所要求的特性有关，因此其和易性因施工条件不同而不同。例如，施工现场用的商品混凝土需要泵送，流动性要大一些；自密实混凝土的流动性需要更大一些；而在工厂制作混凝土构件，流动性就不需要太大。采用挤压式工艺制作的预应力空心板，用干硬性混凝土，流动性很小。配筋较密、预埋件较多的构件，如梁、柱构件，需要的流动性要大一些；“卧式”浇筑的板式构件，需要的流动性就可以小一些。

预制构件工厂应当根据具体的工艺情况、设计要求和构件情况设计流动性，给出坍落度(稠度)控制值。日本装配式混凝土建筑预制构件混凝土的坍落度一般按以下标准控制：板式构件 80～120mm，梁柱构件 120～160mm。国内装配式建筑预制构件混凝土的坍落度一般控制在 60～120cm。

3. 满足耐久性要求

混凝土配合比的设计不仅要满足结构设计提出的抗渗性、抗冻性等耐久性的要求，而且还要考虑结构设计未明确的其他耐久性要求，如严寒地区的路面、桥梁，处于水位升降范围的结构，以及暴露在氯污染环境的结构等。为了保证这些混凝土结构具有良好的耐久性，不仅要优化混凝土配合比设计，而且在进行混凝土配合比设计前，应对混凝土使用的原材料进行优选，选用良好的原材料是保证设计的混凝土具有良好耐久性的基本前提。

4. 满足经济性要求

企业的生产与发展离不开良好的经济效益。因此，在满足上述技术要求的前提下，尽量降低混凝土成本，达到经济合理的原则。为了实现这一要求，配合比设计不仅要合理设计配合比的本身，而且更应该对原材料的品质进行优选，选择优质且价格合理的原材料，也是混凝土配合比设计过程中应该注意的问题，不仅可以保证混凝土的质量，而且还能够提高混凝土企业的经济效益。

5.2.2 普通混凝土配合比设计

1. 计算配合比(初步配合比)

1)确定配制强度

PC 工厂实际生产时用的混凝土配制强度应高于设计强度，根据《普通混凝土配合比设计规程》(JGJ 55—2011)规定，混凝土配制强度应符合下列规定。

(1)当混凝土设计强度等级小于 C60 时，配制强度应按式(5-1)确定：

$$f_{cu,0} \geqslant f_{cu,k} + 1.645\sigma \tag{5-1}$$

式中，$f_{cu,0}$ ——混凝土配制强度（MPa）；

$f_{cu,k}$ ——混凝土的设计强度标准值（MPa），这里取混凝土的设计强度等级值；

σ ——混凝土强度标准差（MPa）。

（2）当混凝土的设计强度等级不小于 C60 时，配制强度应按式（5-2）确定：

$$f_{cu,0} \geqslant 1.15 f_{cu,k} \tag{5-2}$$

（3）混凝土强度标准差应根据同类混凝土统计资料计算确定，其计算公式如下：

$$\sigma = \sqrt{\frac{\sum_{i=1}^{n} f_{cu,i}^2 - n m_{f_{cu}}^2}{n-1}} \tag{5-3}$$

式中，$f_{cu,i}$ ——统计周期内同一品种混凝土第 i 组试件的强度值（MPa）；

$m_{f_{cu}}$ ——统计周期内同一品种混凝土 n 组试件的强度平均值（MPa）；

n ——统计周期内同品种混凝土试件的总组数。

当具有 1～3 个月的同一品种、同一强度等级混凝土的强度资料，且试件组数不小于 30 时，其混凝土强度标准差应按式（5-3）进行计算。

对于强度等级不大于 C30 的混凝土，当混凝土强度标准差计算值不小于 3.0MPa 时，应按混凝土强度标准差计算公式计算结果取值；当混凝土强度标准差计算值小于 3.0MPa 时，应取 3.0MPa。

对于强度等级大于 C30 且小于 C60 的混凝土，当混凝土强度标准差计算值不小于 4.0MPa 时，应按混凝土强度标准差计算公式计算结果取值；当混凝土强度标准差计算值小于 4.0MPa 时，应取 4.0MPa。

当没有近期的同一品种、同一强度等级混凝土强度资料时，其强度标准差可按表 5-1 取值。

表 5-1　混凝土强度标准差取值表　　（单位：MPa）

混凝土强等级	≤C20	C25～C45	C50～C55
混凝土强度标准差	4.0	5.0	6.0

2）确定水胶比

混凝土强度等级不大于 C60 时，混凝土水胶比宜按式（5-4）计算：

$$\frac{W}{B} = \frac{\alpha_a f_b}{f_{cu,0} + \alpha_a \alpha_b f_b} \tag{5-4}$$

式中，$\frac{W}{B}$ ——混凝土水胶比；

α_a和α_b ——回归系数，在碎石中，α_a=0.53、$\alpha_b=0.20$；在卵石中，α_a=0.49、$\alpha_b=0.13$；

f_b ——实测的胶凝材料 28d 抗压强度（MPa），可按标准方法实测；如无实测值，则取估算值：$f_b=\gamma_1\gamma_2 f_{ce}$，$\gamma_1$、$\gamma_2$分别为粉煤灰影响系数和粒化高炉矿渣粉影响系数，可按《普通混凝土配合比设计规程》（JGJ 55—2011）的推荐值选用；f_{ce}为实测的水泥强度 28d 抗压强度（MPa）；如无实测值，则取估算值：$f_{ce}=\gamma_c f_{ce,g}$，$f_{ce,g}$为水泥的强度等级，γ_c为水泥强度等级值的富余系数，可按实际统计资料确定；当缺乏实际统计资料时，水泥强度等级为 32.5 级时取 1.12，水泥强度等级为 42.5 级时取 1.16，水泥强度等级为 52.5 级时取 1.10。

为保证混凝土满足所要求的耐久性，水胶比不得大于《混凝土结构设计规范（2015 年版）》（GB 50010—2010）中规定的最大水胶比（表 5-2）。所以按式（5-4）计算出水胶比以后，还应对照表 5-2，校核其是否满足耐久性要求。若计算所得的水胶比不大于规定的最大水胶比时，取计算的水胶比，否则应取规定的最大水胶比。

表 5-2　混凝土的最大水胶比和最小胶凝材料用量

环境等级	最大水胶比	最低强度等级	最小胶凝材料用量/（kg/m^3）		
			素混凝土	钢筋混凝土	预应力混凝土
一	0.60	C20	250	280	300
二 a	0.55	C25	280	300	300
二 b	0.55	C25	280	300	300
	0.50	C30	320		
三 a	0.50	C30	320		
	0.45	C35	330		
三 b	0.40	C40	330		

不同的环境等级对应不同的环境条件：一级的环境条件是指室内干燥环境；无侵蚀性静水浸没环境。二 a 级的环境条件是指室内潮湿环境；非严寒和非寒冷地区的露天环境、与无侵蚀性土或水直接接触的环境；严寒和寒冷地区的冰冻线以下与侵蚀性土或水直接接触的环境。二 b 级的环境条件是指干湿交替环境；水位频繁变动环境；严寒和寒冷地区的冰冻线以下与侵蚀性土或水直接接触的环境。三 a 级环境条件是指严寒和寒冷地区冬季水位变动区环境；受除冰盐影响的环境；海风环境。三 b 级的环境条件是指受除冰盐影响的环境；盐渍土环境；海岸环境。

3）确定单位用水量（W_0）

每立方米干硬性或塑性混凝土的用水量应按下列方法确定。

（1）当水胶比在 0.40～0.80 范围内时，可以根据施工要求的坍落度值或维勃稠度值、已知的粗集料种类及最大粒径，由表 5-3 中的规定值选取单位用水量，然后在试拌中加以调整。

表 5-3　混凝土单位用水量表　　（单位：kg/m^3）

混凝土类型	拌合物稠度		卵石最大粒径/mm				碎石最大粒径/mm			
	检测项目	指标	10	20	31.5	40	16	20	31.5	40
塑性	坍落度/mm	10～30	190	170	160	150	200	185	175	165
		35～50	200	180	170	160	210	195	185	175
		55～70	210	190	180	170	220	205	195	185
		75～90	215	195	185	175	230	215	205	195
干硬性	维勃稠度/s	16～20	175	160	—	145	180	170	—	155
		11～15	180	165	—	150	185	175	—	160
		5～10	185	170	—	155	190	180	—	165

注：本表用水量系中砂的平均值。采用细砂时，可增加 5～10 kg/m^3。采用粗砂时，可减少 5～10 kg/m^3。“—”表示空，无相应的要求。

（2）掺用矿物掺合料和外加剂时，用水量应相应调整。

水胶比小于 0.40 的混凝土以及采用特殊成型工艺的混凝土用水量应通过试验确定。

在使用外加剂时，应根据外加剂的减水率来确定单位用水量。流动性或大流动性混凝土的单位用水量可按式（5-5）计算：

$$W_0 = W_{0\beta}(1-\beta) \tag{5-5}$$

式中，W_0 ——计算配合比的单位用水量（kg/m^3）；

$W_{0\beta}$ ——未掺外加剂时推定的满足实际坍落度要求的单位用水量（kg/m^3），以表 5-3 中 90mm 坍落度的单位用水量为基础，按每增大 20mm 坍落度，相应增加 5kg/m^3 用水量来计算，当坍落度增大到 180mm 以上时，随坍落度相应增加的用水量可减少。

β ——外加剂的减水率（%），应经过混凝土试验确定。

计算每立方米混凝土的胶凝材料用量（B_0）、矿物掺合料用量（F_0）和水泥用量（C_0）。

（1）根据已选定的单位用水量和得出的水胶比，可按式（5-6）求出每立方混凝土的胶凝材料用量：

$$B_0 = \frac{W_0}{W/B} \tag{5-6}$$

为了保证混凝土的耐久性，对由式（5-6）计算得出的胶凝材料还要进行校核，如果计算的结果不小于表 5-2 中规定的最小胶凝材料的要求，就取计算的结果；如计算的结果小于规定的最小胶凝材料用量，则应取规定的最小胶凝材料用量值。

（2）每立方米混凝土的矿物掺合料用量应按式（5-7）计算：

$$F_0 = B_0\beta_f \tag{5-7}$$

式中，β_f ——矿物掺合料掺量（%），应经过混凝土试验确定。

采用硅酸盐水泥或普通硅酸盐水泥时，钢筋混凝土中矿物掺合料最大掺量宜符合表 5-4 的规定，预应力混凝土中矿物掺合料最大掺量宜符合表 5-5 的规定。对基础大体积混凝土，粉煤灰、粒化高炉矿渣粉与复合掺合料的最大掺量可增加 5%。掺量大于 30%的 C 类粉煤灰的混凝土应以实际使用的水泥和粉煤灰掺量进行安定性检验。

表 5-4　钢筋混凝土中矿物掺合料最大掺量

矿物掺合料种类	水胶比	最大掺量/%	
		采用硅酸盐水泥时	采用普通硅酸盐水泥时
粉煤灰	≤0.40	45	35
	>0.40	40	30
钢渣粉	—	30	20
磷渣粉	—	30	20
硅灰	—	10	10
粒化高炉矿渣粉、复合掺合料	≤0.40	65	55
	>0.40	55	45

注："—"表示空，不做要求。

表 5-5　预应力混凝土中矿物掺合料最大掺量

矿物掺合料种类	水胶比	最大掺量/%	
		采用硅酸盐水泥时	采用普通硅酸盐水泥时
粉煤灰	≤0.40	35	30
	>0.40	25	20
钢渣粉	—	20	10
粒化高炉矿渣粉	≤0.40	55	45
	>0.40	45	35

注："—"表示空，不做要求。

（3）每立方米混凝土的用水量（C_0）应按式（5-8）计算：

$$C_0 = B_0 - F_0 \tag{5-8}$$

确定砂率（S_p）。为使混凝土拌合物具有良好的和易性，必须采用合理的砂率。确定砂率的方法较多，可以根据集料的技术指标、混凝土拌合物性能和施工要求，参考已积累的历史数据选用；若无历史数据，可根据下列规定确定砂率。

（1）坍落度小于 10mm 的混凝土，其砂率应经过混凝土试验确定。

（2）坍落度为 10～60mm 的混凝土，其砂率可根据已确定的水胶比、石子的品种和最大公称粒径，按表 5-6 选取。

（3）坍落度大于 60mm 的混凝土，其砂率可经过混凝土试验确定，也可在表 5-6 的基础上，按坍落度每增大 20mm、砂率增大 1%的幅度予以调整。

表 5-6　混凝土砂率选用表　　（单位：%）

水胶比	卵石最大公称粒径			碎石最大公称粒径		
	10mm	40mm	30mm	16mm	20mm	40mm
0.4	26～32	25～31	24～30	30～35	29～34	27～32
0.5	30～35	29～34	28～33	33～38	32～37	30～35
0.6	33～38	32～37	31～36	36～41	35～40	33～38
0.7	36～41	35～40	34 ～39	39～44	38～43	36～41

注：本表数值系中砂的选用砂率。对细（或粗）砂，可相应减少（或增大）砂率；采用人工砂配制混凝土时，砂率可适当增大；只使用一个单粒级粗集料配制混凝土时，砂率应适当增大。

4）计算每立方米混凝土的砂、石子用量

确定砂、石子用量（S_0、G_0）的方法很多，最常用的是体积法和质量法。

（1）体积法：混凝土拌合物的体积应等于各组成材料绝对体积混凝土拌合物中所含空气的体积之总和。因此，在计算单位砂、石子用量时，可列出下面的二元一次方程组，通过求解此方程组，便可得出 S_0 和 G_0：

$$\begin{cases} \dfrac{C_0}{\rho_c}+\dfrac{F_0}{\rho_f}+\dfrac{W_0}{\rho_w}+\dfrac{S_0}{\rho_s}+\dfrac{G_0}{\rho_g}+0.01\alpha=1 \\ \dfrac{S_0}{S_0+G_0}=S_{\mathrm{p}} \end{cases} \tag{5-9}$$

式中，C_0——每立方米混凝土中水泥的用量（kg）；

F_0——每立方米混凝土中矿物掺合料的用量（kg）；

W_0——每立方米混凝土中水的用量（kg）；

S_0——每立方米混凝土中细集料（砂）的用量（kg）；

G_0——每立方米混凝土中粗集料（石子）的用量（kg）；

ρ_c——水泥密度（kg/m^3）；

ρ_f——矿物掺合料密度（kg/m^3）；

ρ_w——水的密度（kg/m^3）；

ρ_s——细集料（砂）表观密度（kg/m^3）；

ρ_g——粗集料（石子）表观密度（kg/m^3）；

α——混凝土的含气量百分数，当不使用引气剂或引气型外加剂时，可取 $\alpha=1$；当添加了引气型外加剂时，则必须根据外加剂的说明或测试结果确定 α；

S_{p}——砂率（%）。

（2）质量法：又称假表观密度法。根据经验，如果原材料情况比较稳定，所配制的混凝土拌合物的表观密度将接近一个固定值，因此，在计算每立方米混凝土中砂、石子的用量时，可先假设每立方米混凝土拌合物的质量（即混凝土拌合物的假定表观密度），并列出下面的二元一次方程组，通过求解此方程组，便可得出 S_0 和 G_0：

$$
\begin{cases}
C_0 + F_0 + G_0 + S_0 + W_0 = \rho_{0h} \\
\dfrac{S_0}{S_0 + G_0} = S_p
\end{cases}
\tag{5-10}
$$

式中，ρ_{0h}——每立方米混凝土拌合物的假定质量（kg），可取 2350～2450kg/m^3，一般混凝土强度等级为 C15～C40 时，取 2350～2400kg/m^3；混凝土强度等级大于 C40 时，取 2450kg/m^3。

通过以上几个步骤，确定了水、水泥、矿物掺合料及砂、石子用量，得到混凝土的计算配合比。使用外加剂时，应根据减水率要求、胶凝材料用量和其适宜掺量（%）来确定其用量。因其掺量一般都很小，在采用质量法或体积法计算砂和石子用量时可以不考虑其影响。

2. 检验和易性，提出基准配合比

按计算配合比配制的混凝土拌合物是否能够真正满足和易性要求、砂率是否合理等，都需要通过试拌来进行检验；如果检验结果不符合所提出的要求，可根据具体情况加以调整。经过试拌调整，就可以满足和易性要求，再根据所用材料算出调整后的基准配合比（或称试拌配合比）。

1）试拌

按计算配合比称取材料进行试拌。在实验室试拌混凝土时，所用的各种原材料和混凝土搅拌方法，都应与施工使用的材料及混凝土搅拌方法相同。粗、细集料的称量均以干燥状态为基准（干燥状态是指细集料的含水率小于 0.5%、粗集料的含水率小于 0.2%）。如不使用干燥集料配制，在称料时用水量应相应减少，集料用量应相应增加。但在以后试配调整时配合比仍应取原计算值，不计该项增减数值。

混凝土的试拌数量应符合表 5-7 的规定。如需进行抗折强度试验，则应根据实际需要计算用量。采用机械搅拌时，拌合量应不小于搅拌机公称容量的 1/4 且不应大于搅拌机公称容量。

表 5-7 混凝土试配的最小拌合量

粗集料最大公称粒径/mm	拌合物体积/L
≤31.5	20
40	25

2）校核和易性，调整计算配合比，提出基准配合比

取试拌的混凝土拌合物，按照标准的试验方法检验和易性。如果和易性不满足设计要求，则需要调整配合比。

对于调整配合比的方法，这里以坍落度为例，如发现坍落度不满足要求，或黏聚性和保水性不好时，则应在保持计算水胶比不变的条件下相应调整胶凝材料浆体量或砂率。应注意不能简单地通过增加水的用量来提高坍落度。否则，将改变水胶比，从而影响混凝土的强度。当坍落度低于设计要求时，可保持水胶比不变，适当增加胶凝材料浆体量。一般每增加 10mm 的坍落度，需增加 2%～5%的胶凝材料浆体量。若坍落度太大，可在保持砂

率不变条件下增加集料用量。当含砂不足、黏聚性和保水性不良时，可适当增大砂率；反之应减小砂率。

调整后再按照新的配合比进行试拌，并检验和易性，如果还不满足要求，再进行调整，直到和易性符合要求为止，然后提出供混凝土强度试验用的基准配合比。每立方米混凝土中水泥、矿物掺合料、水、细集料、粗集料的用量（kg）分别用C_a、F_a、W_a、S_a、G_a表示。

3. 检验强度，确定实验室配合比

在基准配合比的基础上，必须通过测试混凝土抗压强度，进一步验证和调整配合比的水灰比，并确定出实验室配合比。

1）制作试件，测试强度，调整配合比

为校核混凝土的强度，应至少拟定三个不同的配合比，其中一个为上述的基准配合比，将基准配合比的水胶比分别增加及减少 0.05，得到另外两个配合比的水胶比，其用水量应该与基准配合比相同，但砂率值可增加及减少 1%。

每个配合比至少按标准方法制作一组试件，在标准养护室中养护 28d，然后测试其抗压强度。通过将所测得的每组混凝土抗压强度与相应的水胶比作图或计算，求出与混凝土配制强度（$f_{cu,0}$）相对应的水胶比。并根据此水胶比和砂率，重新计算混凝土的配合比。每立方米混凝土中水泥、矿物掺合料 、水、细集料、粗集料的用量（kg）分别用C_b、F_b、W_b、S_b、G_b表示。

在制作试件时，应检验混凝土拌合物的和易性、测定其表观密度（$\rho_{c,c}$），并以此结果作为代表相应配合比的混凝土拌合物的性能。

2）实验室配合比的确定

按式（5-11）计算混凝土拌合物表观密度的计算值$\rho_{c,c}$：

$$\rho_{c,c}=C_b+F_b+G_b+S_b+W_b \tag{5-11}$$

如果实测值$\rho_{c,t}$与计算值$\rho_{c,c}$的差值绝对值不超过计算值$\rho_{c,c}$的 2%，实验室配合比就为C_b、F_b、W_b、S_b、G_b；如果实测值$\rho_{c,t}$与计算值$\rho_{c,c}$的差值绝对值超过计算值$\rho_{c,c}$的 2%就必须对配合比进行修正。修正的方法是：先计算修正系数δ，$\delta=\rho_{c,t}/\rho_{c,c}$，再将$C_b$、$F_b$、$W_b$、$S_b$、$G_b$分别乘以$\delta$，由此得到的配合比$C_{b1}$、$F_{b1}$、$W_{b1}$、$S_{b1}$、$G_{b1}$即为实验室配合比。

按照实验室配合比配制的混凝土既满足混凝土拌合物的和易性要求，又满足混凝土强度和耐久性要求，是一个理想的配合比。但在实际使用时，还需根据现场的具体情况，再进一步加以调整。

4. 换算施工配合比

由于上述确定的实验室配合比是按干燥状态集料计算的，而施工现场的砂、石材料多为露天堆放，都含有一定量的水。所以现场砂、石材料的实际称量应按工地砂、石的含水

情况进行修正，对实验室配合比进行修正后的配合比，称为施工配合比（也称工地配合比或现场配合比）。因工地存放的砂、石含水情况常有变化，应按变化情况，随时加以修正。

现假定工地砂的含水率为 a（%），石子的含水率为 b（%），则上述实验室配合比可按式（5-12）换算为施工配合比，以实验室配合比 C_{b1}、F_{b1}、W_{b1}、S_{b1}、G_{b1} 为例：

$$\begin{cases} C = C_{b1} \\ F = F_{b1} \\ W = W_{b1} - S_{b1} \times a - G_{b1} \times b \\ S = S_{b1} \times (1+a) \\ G = G_{b1} \times (1+b) \end{cases} \tag{5-12}$$

式中，C——每立方米混凝土中水泥的用量（kg）。

F——每立方米混凝土中矿物掺合料的用量（kg）；

W——每立方米混凝土中水的用量（kg）；

S——每立方米混凝土中细集料的用量（kg）；

Q——每立方米混凝土中粗集料的用量（kg）。

5.3 高性能混凝土配合比设计

PC 构件生产所用的混凝土根据实际性能需求，综合考虑强度及耐久性方面的因素，一般会添加矿物掺合料、外加剂；同时，装配式高层和超高层建筑往往会用到高强混凝土，故其配合比设计方法与普通混凝土配合比设计方法有所不同。而基于耐久性设计的混凝土和高强混凝土均属于高性能混凝土，目前尚没有统一的配合比理论设计方法。本节列举几个高性能混凝土配合比的设计方法以供参考。

5.3.1 Mehta 和 Aitcin 推荐的高强高性能混凝土配合比确定方法

1. 配合比设计思路

1）浆集比

Mehta 和 Aitcin 认为，采用适宜的集料时，固定其浆集比为 35∶65 可以很好地解决强度、工作性和尺寸稳定性（弹性模量、干缩和徐变）之间的矛盾，配制出理想的高性能混凝土。对于加入超塑化剂的混凝土需进行强力搅拌，因此在不掺引气剂时，混凝土中一般也含有 2%的空气。因抗冻性要求而使用引气剂时，含气量设定为 5%～6%。在浆体中要扣除这部分空气体积。

2）用水量

对于传统混凝土，用水量的选择取决于混凝土的坍落度和石子最大粒径。而高性能混凝土的石子最大粒径为20～ 25 cm，变化范围很小；坍落度为200～250 mm，变化范围也很小，而且可以通过外加剂掺量来控制。因此，用水量的选择不必考虑上述两个因素，而应根据强度来选择，具体见表5-8。

表5-8　不同等级的高性能混凝土最大用水量估算

强度等级	平均强度/MPa	最大用水量*/（kg/m³）
A	65	160
B	75	150
C	90	140
D	105	130
E	120	120

*未扣除集料和外加剂所含的水。

3）矿物细掺料

按照细掺料的掺量，可简单地划分为以下三种情况。

（1）不加细掺料，只用硅酸盐水泥（只在绝对必要时才考虑这种情况）。

（2）用占总胶结料体积约25%的优质粉煤灰和磨细矿渣等量取代水泥。

（3）用占总胶结料体积约10%的凝聚硅灰和15%的优质粉煤灰混合等量取代水泥。

4）减水剂

减水剂应通过试验，根据与水泥（胶结料）的相容性确定选择。掺量按固体计，为胶凝材料总量的0.8%～2.0%，建议第一盘试配用1.0%。在生产时，往往先加入总量的2/3或3/4，到现场再加入其余部分。

5）砂率

砂率取决于粗集料的级配和粒形。高性能混凝土的浆体数量较大，第一盘试配料中粗细集料的比例以3∶2为宜，即砂率为40%。

2. 配合比设计步骤

1）估计拌合水用量

根据强度等级的要求，拌合水用量按表5-8估计。该表中的数据为经验数据，集料最大粒径为12～19 mm。

2）计算浆体体积组成

用浆体体积0.35 m³，减去上一步骤估计的用水量和0.02 m³的空气含量，按细掺料的三种情况计算浆体体积组成，如表5-9所示。

表5-9　0.35m³浆体中各组分体积含量　（单位：m³）

强度等级	水	空气	胶凝材料总量	情况1 PC	情况2 PC＋FA（或BFS）	情况3 PC＋FA（或BFS）＋CSF
A	0.16	0.02	0.17	0.17	0.1275＋0.0425	0.1275＋0.0255＋0.0170
B	0.15	0.02	0.18	0.18	0.1350＋0.0450	0.1350＋0.0270＋0.0180

续表

强度等级	水	空气	胶凝材料总量	情况1 PC	情况2 PC＋FA（或BFS）	情况3 PC＋FA（或BFS）＋CSF
C	0.14	0.02	0.19	0.19	0.1425＋0.0475	0.1425＋0.0285＋0.0190
D	0.13	0.02	0.20	—	0.1500＋0.0500	0.1500＋0.0300＋0.0200
E	0.12	0.02	0.19	—	0.1575＋0.0525	0.1575＋0.0315＋0.0210

注：PC（portland cement）为硅酸盐水泥；FA（fly ash）为粉煤灰；BFS（blast furnace slag）为矿渣；CSF（condense silica fume）为凝聚硅灰。“—”表示无相应规定数值。

3）估计集料用量

集料总量为0.65m^3，强度等级A的第一盘配料粗、细集料用量体积分别为0.26m^{3}和0.39m^3。其他强度等级随着强度的提高而用水量减少、塑化剂掺量加大，粗、细集料用量体积比可稍减小：强度等级B为1.95∶3.05，强度等级C为1.90∶3.10，强度等级D为1.85∶3.15，强度等级E为1.80∶3.20。

4）计算混凝土中各材料用量

通常所用原材料的密度为：硅酸盐水泥，3.14g/cm^3；C级粉煤灰（即CaO含量小于5%的低钙灰）或磨细矿渣，2.5 g/cm^3；凝聚硅灰，2.1 g/cm^3；天然砂，2.65 g/cm^3；普通砾石或碎石，2.70 g/cm^3。

利用表5-9和表5-10的数据可计算出各材料饱和面干的质量。当原材料密度有较大变化时，计算出的各材料用量需作相应调整。表5-11为第一盘试配料配合比实例。

表5-10 砂率对混凝土性能的影响

试验编号	水胶比	砂率/%	坍落度/mm	28d抗压强度/MPa	棱柱体抗压强度*/MPa	弹性模量*/GPa	备注
S3-1	0.3	34	205	60.3	45.2	43.2	稍泌水
S3-2	0.3	38	205	62.1	54.3	42.9	
S3-3	0.3	42	215	67.0	58.1	41.7	
S3-4	0.3	46	240	68.6	61.8	42.4	
S3-5	0.3	50	215	72.0	61.8	40.7	黏性大
S2-1	0.26	34	1.5	73.4	—	—	
S2-2	0.26	38	6.0	72.6	—	—	
S2-3	0.26	42	4.5	72.4	—	—	
S2-4	0.26	46	4.5	75.9	—	—	
S2-5	0.26	50	3.0	75.2	—	—	
S4-1	0.4	34	155	50.7	—	—	离析、泌水
S4-2	0.4	38	180	57.3	—	—	稍离析
S4-3	0.4	42	200	58.4	—	—	
S4-4	0.4	46	190	55.3	—	—	稍黏
S4-5	0.4	50	140	61.9	—	—	黏性大

*使用Instron公司IX系列自动伺服材料试验系统测试；由于试验条件所限，试件标准养护28d后取出，在空气中存放14d后测试。

注：“—”表示不存在该数值。

表 5-11　第一盘试配料配合比实例

强度等级	平均强度/MPa	细掺料情况	胶凝材料/（kg/m^3）			总用水量*/（kg/m^3）	粗集料/（kg/m^3）	细集料/（kg/m^3）	材料总量/（kg/m^3）	水胶比
			PC	FA（或 BFS）	CSF					
A	65	1	534	—	—	160	1050	690	2434	0.3
		2	400	106	—	160	1050	690	2406	0.32
		3	400	64	36	160	1050	690	2400	0.32
B	75	1	565	—	—	150	1070	670	2455	0.27
		2	423	113	—	150	1070	670	2426	0.28
		3	423	68	38	150	1070	670	2419	0.28
C	90	1	597	—	—	140	1090	650	2477	0.23
		2	477	119	—	140	1090	650	2466	0.25
		3	477	71	40	140	1090	650	2438	0.25
D	105	2	471	125	—	130	1110	630	2466	0.22
		3	471	75	42	130	1110	630	2458	0.22
E	120	2	495	131	—	120	1120	320	2488	0.19
		3	495	79	44	120	1120	320	2478	0.19

*未扣除集料和外加剂所含的水。

注："—"表示不存在该数值。

5）试配和调整

以上方法中有很多假设，因此必须用现场使用的原材料经多次试配，逐渐调整。坍落度主要用超塑化剂掺量来调整。增加超塑化剂掺量可能引起拌合物离析、泌水和缓凝。此时可增加砂率和减小砂的细度模量来克服离析、泌水现象。对于过分缓凝的可更换超塑化剂，如改用含促凝早强成分的超塑化剂。当增加超塑化剂不起作用时，可能是水泥中的 C_3A 含量过大，应更换水泥。例如，混凝土 28d 强度低于预计的强度，可减少用水量或考虑将粗集料改为碎石。

Mehta 和 Aitcin 推荐的配合比确定方法使用方便，但它是基于西方国家的原材料提出来的，要求原材料有稳定的质量。而我国地域辽阔，工程材料使用量大，原材料质量不一样。例如，相同标号的南方和北方水泥的性质受水泥生产原料和工艺的影响而区别较大；高效减水剂市场较乱，性能不够理想；砂石生产的质量不规范等，因此，使用较低水胶比拌制混凝土仍存在一定的困难。该方法为了规范化而作了很多假设，如对于一定的强度等级，不管胶凝材料的组成如何，浆体体积一律不变，用水量也不变。因此，完全可能出现用水量和水灰比相同的混凝土，其强度却有较大差别的情况。因此可以借鉴该方法的配合比设计思路，因地制宜地改换某些假设和参数，就可用来设计高性能混凝土的试配料配合比。

5.3.2　廉会珍等提出的高性能混凝土的设计原则和方法

1. 设计原则

基于耐久性的高性能混凝土配合比设计方法也有不少人在研究，吴中伟先生很早就提出了绝对体积法，是国内较早的基于耐久性的设计方法。随后廉会珍等提出了按耐久性设计高性能混凝土的原则和方法，并引用了吴中伟先生的绝对体积法进行高性能混凝土的配合比设计，其基本观点为：混凝土的渗透性和介质在混凝土中的扩散是影响混凝土耐久性的主要原因。在不同的环境中，因起主导作用因素不同，混凝土的劣化有不同的表现，实际上，这些劣化往往是许多因素综合的、复杂的作用；但是，影响混凝土耐久性的各种破坏过程几乎都与水有着密切的关系，混凝土的劣化是由那些外部侵蚀性介质和水逐渐侵入混凝土内部而造成的。因此，混凝土的抗渗性是评价混凝土耐久性的主要指标，可用侵蚀性离子的扩散系数（氯离子扩散系数法，即 NEL 法）来评价混凝土的耐久性。

基于耐久性的高性能混凝土配合比设计原则如下。

（1）材料的选择应符合高性能混凝土的要求。

（2）按耐久性设计应首先满足低渗透性的要求，按工程设计抗渗性指标，确定氯离子扩散系数要求，作为初选水胶比的依据。水胶比一般不大于 0.42。

（3）胶凝材料总量应大于设计相同强度等级传统混凝土的水泥用量，以保证良好的施工性并提高混凝土的耐久性。对不同强度等级的混凝土，其胶凝材料总量一般应不少于 $400kg/m^3$，不大于 $500kg/m^3$。

（4）砂率按混凝土施工性调整，为不严重影响混凝土弹性模量，砂率不宜大于 45%。

（5）由于胶凝材料中各组分密度相差较大，宜采用绝对体积法进行配合比计算，至少第一盘试配料要采用绝对体积法。混凝土拌合物应有最小的砂石空隙率。

（6）试配后应检验其强度是否满足设计要求，检验应按配制强度进行。混凝土配制强度按式（5-1）计算。

（7）按计算出的配合比进行试拌，检验施工性。调整坍落度和坍落流动度，观察体积稳定性，测定混凝土的表观密度，调整计算密度和各材料用量。

2. 设计方法及步骤

根据以上原则，高性能混凝土的配合比采用理论设计和试验检验相结合的方法进行设计，具体设计步骤如下。

（1）按工程所要求的耐久性，确定目标氯离子扩散系数，可参考表 5-6 选择水胶比。

（2）按照施工条件确定施工性要求和工作性要求。一般泵送时混凝土坍落度为（200±20）mm，坍落流动度为（500±50）mm。

（3）强度等级为 C30 以上时，依照强度等级的不同，胶凝材料总量在 $400\sim500kg/m^3$ 变动。

（4）根据步骤（1）初选的水胶比和步骤（3）初选的胶凝材料总量计算用水量。

（5）计算砂石用量。

用砂浆填充石子空隙乘以砂浆富余系数，列出式（5-13）：

$$V_C + V_W + V_S = P_0 \cdot k \cdot V_{OG} \tag{5-13}$$

式中，V_C——每立方米混凝土中水泥的密实体积（L）；

V_W——每立方米混凝土中水的密实体积（L）；

V_S——每立方米混凝土中砂的密实体积（L）；

P_0——石子的空隙率（%）；

k——砂浆富余系数，对高性能混凝土或高强泵送混凝土，$k=1.7\sim2.0$；

V_{OG}——每立方米混凝土中石子的松堆体积（L）。

按绝对体积法列出式（5-14）：

$$\frac{C}{\gamma_C}+\frac{W}{\gamma_W}+\frac{S}{\gamma_S}=P_0\cdot k\cdot\frac{G}{\gamma_{OG}} \tag{5-14}$$

式中，C——每立方米混凝土中水泥的用量（kg）；

W——每立方米混凝土中水的用量（kg）；

S——每立方米混凝土中砂的用量（kg）；

G——每立方米混凝土中石子的用量（kg）；

γ_C——水泥的密度（kg/m^3）；

γ_W——水的密度（kg/m^3）；

γ_S——砂的密度（kg/m^3）；

γ_{OG}——石子的堆积密度（kg/m^3）。

根据式（5-13）和式（5-14），即可计算出砂石体积，再根据砂石表观密度计算砂石用量。

（6）按胶凝材料总量掺高效减水剂试拌，进行坍落度和坍落流动度试验；测定拌合物表观密度，调整配合比，校验强度。

3. 简易设计方法

简易绝对体积法有以下计算步骤。

（1）按耐久性要求确定氯离子扩散系数，按表5-12初选水胶比。

表5-12　混凝土中氯离子扩散系数与其渗透性的关系（NEL法）

氯离子扩散系数/($10^{-4}m^2/s$)	饱盐混凝土电导率/($10^{-4}S/m$)	渗透性评价	参考混凝土种类	
			水胶比	28d强度/MPa
＞1000	＞2000	很高	＞0.60	＜30
500～1000	1000～2000	高	0.45～0.60	30～40
100～500	200～1000	中	0.40～0.45	40～60
50～100	100～200	低	0.35～0.40	60～80
5～50	10～100	很低	0.30～0.35	80～100
＜5	＜10	可忽略	＜0.30	＞100

注：饱盐混凝土电导率为25℃，用饱和NaCl溶液的电导率。

（2）求砂石混合料的空隙率D，选择最小值。先按石子级配情况设定砂率，如果石子级配较好，可设砂率为38%～40%，石子级配不好则砂率可加大，但不宜超过45%。按砂率换算成砂石比，将不同砂石比的砂石混合，分三次装入一个 15～20L 的不变形的钢桶中，每次用直径为15mm的圆头倒棒各插倒30下（或在振动台上震动至试料不再下沉为止），刮平表面后称量，计算捣实密度 ρ_0，测出砂石混合料的混合表观密度 ρ，一般为 2.65g/cm^3 左右。计算砂石混合料的空隙率 $D=(\rho-\rho_0)/\rho$，最经济的混合空隙率约为16%，一般为20%～22%，若为24%左右则是不经济的。

（3）计算胶凝材料浆量。胶凝材料浆量等于砂石混合空隙体积加富余量。胶凝材料浆富余量 ΔV_P 取决于工作性要求、外加剂性质和掺量（可先按坍落度为180～200mm，估计为8%～10%），再由试拌决定。则浆体积 $V_\text{P}(\text{L/m}^3)$：

$$V_\text{P}=D+\Delta V_\text{P} \tag{5-15}$$

（4）计算各组分的用量。设1份胶凝材料中掺入粉煤灰量为 f（kg），表观密度为 γ_f（g/cm^3），磨细矿渣掺量为 k（kg），表观密度为 γ_k（g/cm^3），水胶比为 W/B，水泥用量为 c（kg），表观密度为 γ_c（g/cm^3），加入水 w，$f+k+c=1$，则1份胶凝材料的体积为

$$V_B=\frac{f}{\gamma_f}+\frac{k}{\gamma_k}+\frac{c}{\gamma_c}+\frac{w}{1} \tag{5-16}$$

则每升浆体中胶凝材料用量 b 为

$$b=\frac{1}{\dfrac{f}{\gamma_f}+\dfrac{k}{\gamma_k}+\dfrac{c}{\gamma_c}+\dfrac{w}{1}} \tag{5-17}$$

则 1m^3 中，胶凝材料总量为 $B=V_\text{P}\times b$（kg）；水泥总量为 $C=B\times c$（kg）；粉煤灰总量为 $F=B\times f$（kg）；磨细矿渣总量为 $K=B\times k$（kg）；水总量为 $W=C\times(W/B)$（kg）；集料总量为 $A=(1000-V_\text{P})$（kg）；砂总量为 $S=A\times$砂率（kg）；石总量为 $G=A-S$（kg）。

因引入浆体富余量，总体积略超过 1m^3，所计算的各材料用量总和需按实测的表观密度校正。

（5）调整。按15L钢桶试配的砂、石量加上胶凝材料、水各乘以1.5%，掺入外加剂试拌，测坍落度和坍落流动度，如不符，则调整富余量或外加剂掺量。达到要求后，再装入桶中称量桶中混凝土和多余混凝土拌合物重量，求出混凝土表观密度，并校正计算量。一般允许坍落度的波动幅度为±20mm，浆体富余量的波动幅度为±1.5%。

在此基础上，经多次试拌，求得符合要求、经济合理的配合比。

由以上设计步骤可看出，这种方法主要存在以下几个方面的问题。

（1）半经验半定量的设计方法。在配合比设计过程中需要用很多的经验参数，如水胶比、砂率的选取等。

（2）空隙率的计算需要通过试验来完成，试验数据的准确性较低，且不满足要求时需反复实验。

（3）配合比计算完成后，需要多次试配，调整浆体富余量、外加剂掺量等，试验量大、较烦琐。

5.3.3　陈建奎和王栋民提出的全计算方法

全计算方法是陈建奎教授和王栋民博士提出的高性能混凝土配合比设计的新方法。本方法建立了普遍适用的混凝土体积模型（图 5-1），得出高性能混凝土用水量和砂率公式，打破了传统的以经验为基础的半经验半定量设计模式，可全面定量地确定混凝土各组成材料的用量。其基本观点如下。

（1）混凝土各组成材料（包括固、气、液三相）具有体积加和性。

（2）石子的空隙由干砂浆来填充。

（3）干砂浆的空隙由水来填充。

（4）干砂浆由水泥、细掺料、砂和空气所组成。

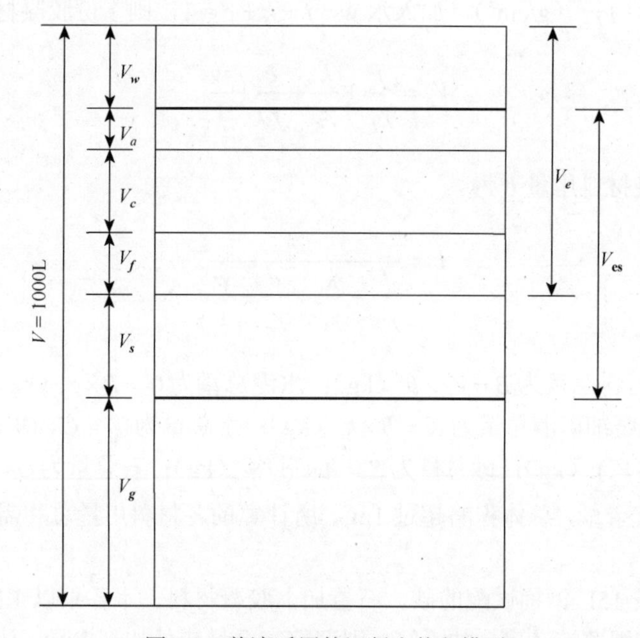

图 5-1　普遍适用的混凝土体积模型

V_w表示用水量（L）；V_a表示空气体积（L）；V_c表示水泥体积（L）；V_f表示矿物掺合料体积（L）；V_s表示砂体积（L）；V_g表示石子体积（L）；V_e表示浆体体积（L）；V_{es}表示干砂浆体积（L）

全计算方法配合比设计步骤如下。

1）配制强度

$$f_{cu,0} = f_{cu,k} + 1.645\sigma \tag{5-18}$$

式中，$f_{cu,0}$——混凝土的配制强度（MPa）；

$f_{\mathrm{cu},k}$ ——混凝土的设计强度标准值（MPa）；

σ ——混凝土强度标准差（MPa）。

2）水胶比

$$\frac{m(w)}{m(c+f)}=\frac{1}{\dfrac{f_{\mathrm{cu},0}}{\alpha_a f_{\mathrm{ce}}}+\alpha_b} \tag{5-19}$$

式中，α_a、α_b ——回归系数，对碎石混凝土，$\alpha_a=0.48$，$\alpha_b=0.52$；对于卵石混凝土，$\alpha_a=0.50$，$\alpha_b=0.61$。

m ——质量（$\mathrm{kg/m^3}$）。

3）用水量

$$V_w=\frac{V_e-V_a}{1+\dfrac{1}{\rho_c(1-\varphi)+\varphi\rho_f}\left[\dfrac{f_{\mathrm{cu},0}}{\alpha_a f_{\mathrm{ce}}}+\alpha_b\right]} \tag{5-20}$$

式中，f_{ce} ——水泥强度等级（MPa）；

φ ——细掺料在胶凝材料中的体积掺量（%）。

4）胶凝材料组成与用量

$$m(c+f)=\frac{m(w)}{m(w)/m(c+f)} \tag{5-21}$$

$$m(f)=\varphi m(c+f) \tag{5-22}$$

5）砂率及集料用量

$$S_{\mathrm{p}}=\frac{(V_{\mathrm{es}}-V_e+V_w)\cdot\rho_s}{(V_{\mathrm{es}}-V_e+V_w)\cdot\rho_s+(1000-V_e-V_w)\cdot\rho_g}\times 100\% \tag{5-23}$$

$$S=(V_{\mathrm{es}}-V_e+V_w)\cdot\rho_s \tag{5-24}$$

$$G=(1000-V_e-V_w)\cdot\rho_g \tag{5-25}$$

6）超塑化剂掺量

$$\mu=\left[\frac{V_{W_0}-V_w}{V_{W_0}}+\Delta\eta\right]\times 3.67\% \tag{5-26}$$

式中，μ ——超塑化剂掺量（%）；

V_{W_0} ——坍落度为 7～9cm 时基准混凝土用水量（L）；

$\Delta\eta$ ——减水剂增量系数，取决于高性能混凝土的初始坍落度；当初始坍落度为 16～

18cm 时，取 0.04；当初始坍落度为 20～22cm 时，取 0.06。

7）试配与配合比调整

在上述混凝土配合比设计中，配制强度、水胶比、用水量、胶凝材料组成与用量、砂率及粗细集料用量、超塑化剂等均可通过公式计算而定量确定，最终确定混凝土配合比，故称为全计算配合比设计。当然，在计算中也涉及个别参数的取值问题，针对某特定混凝土，如水泥浆体体积 V_e 和干砂浆体积 V_{es} 的取值，但这些取值都有比较成熟的研究结果（V_{es} = 450L，V_e = 350L），与传统的配合比设计中大量参数经过查表取值的经验方法比较，其科学性与定量性大大提高。

5.3.4　以全计算方法为基础按耐久性要求进行的配合比设计方法

万超等提出的高性能混凝土配合比设计方法主要是根据耐久性的要求找出耐久性与强度、水胶比的关系，以及初选强度或者水胶比，然后应用全计算方法进行相应配合比设计。它是建立在全计算方法的基础上，根据不同耐久性的要求而进行的配合比设计。下面分别介绍按抗氯离子盐害耐久性和抗碳化性能进行配合比设计的步骤。

1. 按抗氯离子盐害耐久性进行配合比设计的步骤

（1）根据表 5-12，由混凝土强度等级确定相应的氯离子扩散系数，再根据图 5-2 确定相应的水胶比。同时根据式（5-27）计算水胶比，取其小者作为最后采用的水胶比；式（5-28）中胶结材料组成系数$[(1-\varphi)\rho_c + \varphi\rho_f]$是根据混凝土拟定条件计算，最后由式（5-28）求得用水量 V_w。

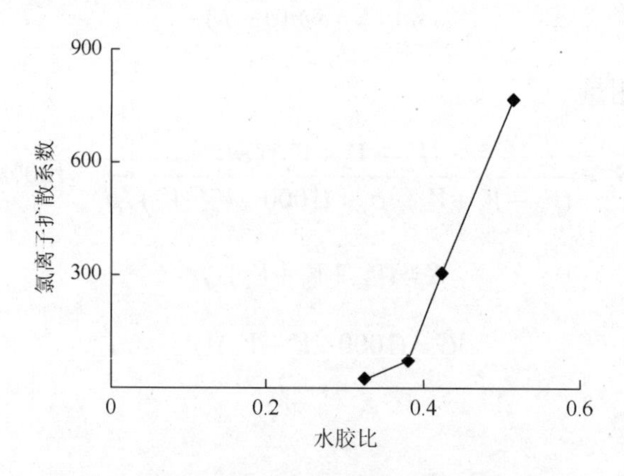

图 5-2　混凝土氯离子扩散系数与其水胶比的关系

$$f_{cu,0} = \alpha_a f_{ce} \left| \frac{m(b)}{m(w)} - \alpha_b \right| \tag{5-27}$$

式中，m（b）——胶凝材料总用量（kg/m^3）。

$$V_w = \frac{V_e - V_a}{1 + \frac{1}{(1-\varphi)\rho_c + \varphi\rho_f}\left[\frac{f_{\mathrm{cu},0}}{\alpha_a f_{\mathrm{ce}}} + \alpha_b\right]} \tag{5-28}$$

（2）胶凝材料组成与用量。

$$m(b) = m(c+f) = \frac{m(w)}{m(w)/m(c+f)} \tag{5-29}$$

$$m(f) = \varphi m(c+f) \tag{5-30}$$

$$m(c) = (1-\varphi)(c+f) \tag{5-31}$$

（3）砂率及集料用量。

砂率计算公式：

$$S_{\mathrm{p}} = \frac{(100+V_w)\times 2.65}{(100+V_w)\times 2.65 + (550-V_w)\times 2.70}\times 100\% \tag{5-32}$$

$$S_{\mathrm{p}} = \frac{(80+V_w)\times 2.65}{(80+V_w)\times 2.65 + (570-V_w)\times \rho_{\mathrm{g}}}\times 100\% \tag{5-33}$$

式（5-33）适用于流态混凝土。

由式（5-32）和式（5-33）计算的砂率与式（5-34）和式（5-35）联合求得 S 和 G。

$$S_{\mathrm{p}} = \frac{S}{S+G}\times 100\% \tag{5-34}$$

$$V_s + V_g = \frac{S}{\rho_s} + \frac{G}{\rho_g} = 650 \tag{5-35}$$

（4）超塑化剂使用根据产品说明进行适配确定。

2. 按抗碳化性能进行配合比设计的步骤

碳化速度能通过混凝土抗压强度评价，是工程学里面的重要问题。抗压强度越大，碳化速度降低。掺粉煤灰混凝土抗压强度与碳化速度公式（相关系数为 0.9296）为

$$\frac{y}{\sqrt{t}} = 0.99 - 0.147\sqrt{f'_{28}} \tag{5-36}$$

式中，y ——碳化深度（mm）；

t ——混凝土龄期（d）；

f'_{28} ——28d 抗压强度（MPa）。

对于掺矿渣超细粉的混凝土，其超细粉比表面积不宜超过 8000cm^2/g，须确保充分养护，其碳化速度与粉煤灰混凝土相同；含硅粉混凝土水胶比较低，很难碳化；如果粉煤灰矿渣等掺量超过 30%时，其碳化速度明显增大。设计抗碳化的混凝土配合比，可根据保护层厚度（碳化深度）要求，按式（5-36）计算 28d 强度 f'_{28}，再按 f'_{28} 进行设计。但是万超等认为，根据当前国内外对高性能混凝土的一些看法，其强度等级应在 C60 以上，其抗压强度大于 62.5MPa，故高性能混凝土可不考虑中性化问题。

按碳化性能进行设计的步骤如下。

（1）根据碳化速度公式［式（5-36）］与强度公式［式（5-27）］确定强度，由式（5-27）

和式（5-28）确定水胶比与用水量。

（2）其余步骤与上述抗氯离子盐害耐久性设计的（2）（3）（4）步骤相同。

综上所述，这两种基于耐久性的高性能混凝土配合比设计方法都是先根据耐久性要求确定水胶比，然后应用全计算方法计算配合比。万超等提出的方法采用了全计算方法来计算混凝土的配合比，设计过程简洁方便，但是他们是针对掺一种或两种矿物掺合料的高性能混凝土进行的研究，对于掺两种以上复合型矿物掺合料的高性能混凝土配合比设计方法仍需进一步调整优化。

5.3.5 混凝土制作需要注意的问题

PC 构件工厂搅拌混凝土与传统的现场搅拌、商业混凝土搅拌相比，除了搅拌工艺类似之外，在管理上要注意以下几个问题。

（1）有的 PC 构件工厂是商品混凝土企业所办，有的 PC 构件工厂同时经营商品混凝土，商品混凝土与 PC 构件工厂用混凝土不宜用同一搅拌系统。

（2）不能将商品混凝土的配合比直接用于 PC 构件制作，因为商品混凝土考虑运输时间有缓凝性质，PC 构件工厂现场拌制的混凝土则不需要考虑缓凝性。

（3）各种材料配比的精度控制。混凝土由砂石、骨料、矿粉、水及外加剂等组成，各种成分要严格执行工艺标准，误差要控制在±1%。

（4）混凝土坍落度。生产效率是工厂生产预制构件的重要指标，主要体现在生产节拍上，而混凝土的坍落度对生产节拍的影响极大。生产线用混凝土的坍落度一般控制在（140±20）mm。坍落度过大，则会增加预养时间，最终导致生产节拍延长，产能下降；反之如果坍落度过小，容易造成布料机堵塞，直接造成生产线停产，同时预养时间相对延长，增加预养后的抹面压光难度，也会导致生产节拍的延长，产能下降。所以在实际操作中要严格控制混凝土的坍落度。

（5）骨料的粒径。生产线采用自动布料机布料，由于设备的特殊性，如果粒径过大，则会造成布料机的堵塞，影响生产，所以在材料采购和检查时一定要严格把关。

（6）工作的协调性。搅拌站工作就是为生产线提供原料，所以搅拌站员工要时刻注意生产线的需求，以需定产。如果超量搅拌，多余的混凝土会凝结在搅拌机或运料小车里；如果搅拌量不够，会造成生产线间歇性停产。

（7）车间现场管理。虽然普遍认为混凝土搅拌现场混乱是正常的，但是工厂现场管理与工地管理在环境卫生方面有很大区别。工厂管理必须要按 5S[①]要求严格管理，注意文明施工。

5.3.6 其他混凝土配合比设计

当设计提出超出普通混凝土的要求时，如清水混凝土、彩色混凝土等，由此导致骨料

① 5S 指“整理（seiri）、整顿（seiton）、清扫（seiso）、清洁（seiketsu）、素养（shitsuke）”。

发生变化，或者工厂混凝土主要原材料来源发生变化，都需要重新进行配合比试验，获得可靠结果后才可以投入使用。

1. 装饰混凝土配合比设计

1）清水混凝土

清水混凝土其实就是原貌混凝土，表面不做任何饰面，真实地反映模具的质感，模具光滑，它就光滑；模具是木质的，它就出现木纹质感；模具是粗糙的，它就是粗糙的。清水混凝土与结构混凝土的配制在原则上没有区别。

2）彩色混凝土和彩色砂浆

彩色混凝土和彩色砂浆一般用于 PC 构件表面装饰层，色彩靠颜料、彩色骨料和水泥实现，深颜色用普通水泥，浅颜色用白水泥，且白水泥的白度要稳定。彩色骨料包括彩色石子、花岗石彩砂、石英砂、白云石砂等。

装饰混凝土配合比的设计包括以下要点。

（1）既要实现艺术性要求的色彩质感，又要保证强度。

（2）装饰混凝土的强度与基层混凝土的强度不要差一个强度等级以上。

（3）颜料掺量一般情况下不能超过 6%。

（4）水胶比不能过大。

2. 轻质混凝土配合比设计

轻质混凝土的“轻”主要靠采用轻质骨料替代砂石实现。用于 PC 建筑的轻质混凝土的轻质骨料必须是憎水型的。目前国内已经有用憎水型的陶粒配制的轻质混凝土，强度等级 C30 的轻质混凝土重力密度为 17kN/m^3，可用于 PC 建筑。日本已经将轻质混凝土用于制作 PC 幕墙板，强度等级 C30 的轻质混凝土比普通混凝土重量减轻 25%～30%。

轻质混凝土的设计包括以下要点。

（1）轻质混凝土由于骨料比较轻，所以坍落度和普通混凝土坍落度有所不同。

（2）如果轻质混凝土流动性大，在浇筑振捣过程中导致骨料上浮，产生离析状态。

（3）做配合比设计时，流动性要针对不同的轻骨料反复试验得出。

5.4　原材料性能试验

5.4.1　水泥

水泥原材料性能主要检测水泥细度、水泥标准稠度用水量、水泥凝结时间、水泥体积安定性及水泥胶砂强度几项内容，对实验材料有以下要求。

（1）水泥试样应该充分拌匀。

（2）试验用水必须还是洁净的淡水。

（3）水泥试样、标准砂、拌合用水等的温度应与实验室温度相同。

1. 水泥细度测定

根据《通用硅酸盐水泥》（GB 175—2007）要求，采用80μm筛对水泥试样进行筛分试验，用筛网上所得筛余物的质量占试样原始质量的百分数来表示水泥样品的细度。主要仪器有负压筛分仪、天平（最大称量100g，分度值不大于0.05g）等。试验步骤如下。

（1）筛分试验前应该把负压筛放到筛座上，盖上筛座，接通电源，检查控制系统，调节负压值至4000～6000Pa范围内。

（2）称取试样25g置于洁净的负压筛中，盖上筛盖，放在筛座上，开动筛析仪连续筛析2min。在此期间如有试样附着在筛盖上，可轻轻敲击，使试样落下。筛毕，用天平称量筛余物，精确至0.05g。

（3）当工作负压小于4000Pa时，应清理吸尘器内水泥，使负压恢复正常。

（4）水泥试样筛余百分数按式（5-37）计算：

$$F = \frac{R_s}{m} \times 100\% \tag{5-37}$$

式中，F ——水泥试样的筛余百分数（%），精确到0.1%；

R_s ——水泥筛余物的质量（g）；

m ——水泥试样的质量（g）。

2. 水泥标准稠度用水量测定

根据《通用硅酸盐水泥》（GB 175—2007）要求，采用水泥净浆搅拌机拌制水泥净浆，并用标准法维卡仪进行测定。依据《水泥标准稠度用水量、凝结时间、安定性检验方法》（GB/T 1346—2011），试验步骤如下。

1）试验前的检查

试验前须检查仪器金属棒是否能自由滑动，试杆降至模顶面位置时，指针应对准标尺零点；搅拌机动转正常等。

2）水泥净浆的拌制

拌合前，搅拌锅和搅拌叶片需要用湿布擦拭，称取500g水泥试样与适量的水；拌合时，先将水倒入搅拌锅内，再倒入水泥，然后将锅放到搅拌机锅座上，升至搅拌位置，开动机器；慢速搅拌120s，停止搅拌15s，接着快速搅拌120s后停机。

3）标准稠度测定

拌合结束后，立即将拌好的净浆装入试模内，用小刀插捣，振动数次，刮去多余净浆并抹平后，迅速放到试杆下面固定位置上，将试杆降至净浆表面，拧紧螺丝，然后突然放松，让试杆自由沉入净浆中，到试杆停止下沉时记录试杆下沉深度，整个操作应该在搅拌后1.5min内完成。

4）试验结果

以试杆下沉深度距底板（6±1）mm 时的净浆为标准稠度净浆。若下沉深度超出范围，须另外称取试样，调整水量，重新试验，直至达到试杆下沉至距底板（6±1）mm 时为止，其拌合用水量即该水泥的标准稠度用水量（P），按水泥质量的百分比计。

3. 水泥凝结时间测定

根据《通用硅酸盐水泥》（GB 175—2007）的要求，水泥凝结时间的测定仪与测定标准稠度用水量的测定仪相同，但试杆应换成试针。其他设备与测定标准稠度时所用设备相同。依据《水泥标准稠度用水量、凝结时间、安定性检验方法》（GB/T 1346—2011），试验步骤如下。

（1）测定前将试模放在玻璃板上。调整维卡仪，使试针接触玻璃板时，指针对准标尺零点。

（2）称取水泥试样 500g，以标准稠度用水量拌制水泥净浆，并立即将净浆一次装入试模，振动数次后刮平，然后放入养护箱内，记录开始加水的时间为凝结的起始时间。

（3）试件在养护箱中养护至加水后 30min 时进行第一次测定。测定时，从养护箱中取出试模放到试针下，使试针与净浆面接触，拧紧螺丝，1～2s 后突然放松，试针垂直自由沉入净浆，观察试针停止下沉时指针读数。

当试针沉至距离底板（4±1）mm 时，即水泥达到初凝状态，当下沉不超过 0.5mm 时为水泥达到终凝状态。

测定时应注意，在最初测定操作时应轻轻扶持金属棒，使其徐徐下降，以防试针撞弯。但测定结果应该以自由下落为准，在整个测试过程中试针贯入的位置至少要距离圆模内壁 10mm。临近初凝时，每隔 5min 测定一次，临近终凝时每隔 15min 测定一次，到达初凝或者终凝状态时应该立即重复测定一次。当两次结果相同时，才能定为达到初凝或终凝状态，每次测定不得让试针落入原来的针孔。每次测试完毕须将试针擦净，并将试模放回养护箱内。整个测定过程中要防止试模受损。

（4）试验结果。

由开始加水至初凝、终凝状态的时间分别为该水泥的初凝时间和终凝时间，用小时（h）或分（min）来表示。

凝结时间的测定可以用人工测定，也可用符合本标准要求的自动凝结时间测定仪测定。两者有争议时，以人工测定为准。

4. 水泥体积安定性的测定

根据《通用硅酸盐水泥》（GB 175—2007）要求，水泥体积安定性测定用沸煮箱、雷氏夹、雷氏夹膨胀值测定仪（标尺最小刻度为 1mm）。测定方法可以使用试饼法，也可用雷氏法，有争议时以雷氏法为准。试饼法是观察水泥净浆试饼沸煮后的外形变化来检验水泥体积安定性。雷氏法是测定水泥净浆在雷氏夹中沸煮后的膨胀值。依据《水泥标准稠度用水量、凝结时间、安定性检验方法》（GB/T 1346—2011），试验步骤如下。

1）以标准稠度用水量拌制水泥净浆

2）试件的制备

采用雷氏法时，将预先准备好的雷氏夹放在已稍擦油的玻璃板上，并立刻将已制好的标准稠度净浆装满试模，装模时一只手轻轻扶持试模，另一只手用宽约 10mm 的小刀插捣 15 次左右，然后抹平。盖上稍涂油的玻璃板，接着立刻将试模移至养护箱内养护（24±2）h。

采用试饼法时，将制好的净浆取出一部分，分成两等份，使之呈球形。将其放在预先准备好的玻璃板上，轻轻振动玻璃板，并用湿布擦过的小刀由边缘向中央抹动，做成直径 70～80mm、中心厚约 10mm、边缘渐薄、表面光滑的试饼。接着，将试饼放入养护箱内养护（24±2）h。

3）沸煮

脱下玻璃板取下试件。

采用雷氏法时，先测量试件指针尖端间的距离（A），精确到 0.5mm。接着将试件放入养护箱的水中篦板上，指针朝上，试件之间互不交叉，然后在（30±5）min 内加热至沸，并恒沸 3h±5min。

采用试饼法时，先检查试饼是否完整（如已开裂翘曲要检查原因，确认无外因时，该试饼已属不合格，不必沸煮）。在试饼无缺陷的情况下，将试饼放在沸煮箱的水中篦板上，然后在（30±5）min 内加热至沸，并恒沸 3h±5min。

4）试验结果

沸煮结束后，即放掉箱中热水，打开箱盖，待箱体冷却至室温，取出试件进行判别。

若为雷氏法，测量试件指针尖端距离（C），结果保留至小数点后 1 位，当两个试件煮后增加距离（C–A）的平均值不大于 5.0mm 时，即认为该水泥安定性合格，当两个试件煮后增加距离的平均值大于 5.0mm 时，应用同一样品立即重做一次试验。

若为试饼法，目测未发现裂缝，用直尺检查也没有弯曲的试饼安定性为合格。当两个试饼判别结果有矛盾时，该水泥的安定性为不合格。

5. 水泥胶砂强度检验

根据《通用硅酸盐水泥》（GB 175—2007）要求，采用水泥胶砂强度试验方法检验水泥强度；主要仪器有行星式水泥胶砂搅拌机、水泥胶砂试体成型振实台、抗压抗折试验机、边长为 40mm×40mm×160mm 的三联模等。试验步骤如下。

1）试件成型

（1）成型前将试模擦净，四周的模板与底座的接触面上应涂黄干油，紧密装配，防止漏浆，内壁均匀刷一薄层机油。

（2）水泥与标准砂的质量比为 1∶3，水灰比为 0.5。每成型三条试件需要称量水泥 450g，标准砂 1350g，拌合用水量 225g。

（3）搅拌时先将水加入锅里，再加入水泥，把锅放在固定架上，上升至固定位置。然后立即开动机器，低速搅拌 30s 后，在第二个 30s 开始的同时均匀地将砂子加入。把机器转至高速再拌 30s。停拌 90s，在第一个 15s 内用刮具将叶片和锅壁上的胶砂刮入锅中间。继续高速搅拌 60s。各个搅拌阶段，时间误差应在±1s 以内。

（4）在搅拌胶砂的同时，将试模和模套固定在振实台上。用一个适当的勺子直接从搅拌锅里将胶砂分两层装入试模，装第一层时，每个槽里约放300g胶砂，用大播料器垂直架在模套顶部，沿每个模槽来回一次将料层播平，接着振实60次。再装第二层胶砂，用小播料器播平，再振实60次。移走模套，从振实台上取下试模，用一金属直尺以近似90°的角度架在试模模顶的一端，然后沿试模长度方向以横向锯割动作慢慢向另一端移动，一次将超过试模部分的胶砂刮去，并用同一直尺在近乎水平的情况下将试体表面抹平。

（5）在试模上做标记或加字条标明试件编号和试件相对于振实台的位置。

2）试件养护

（1）将做好标记的试模放入雾室或养护箱的水平架子上养护，湿空气应能与试模各边接触。一直养护到规定的脱模时间（对于24h龄期的，应在破型试验前20min内脱模；对于24h以上龄期的，应在成型后20～24h脱模）时脱模，脱模前用防水墨汁或颜料笔对试体进行编号和做其他标记，两个龄期以上的试体，在编号时应将同一试模中的三条试体分在两个以上龄期内。

（2）将做好标记的试件立即水平或竖直放在（20±1）℃水中养护，水平放置时刮平面应朝上。养护期间试件之间间隔或试体上表面的水深不得小于5mm。

3）强度试验

各龄期的试件必须在下列时间内进行强度试验：

24h±15min；48h±30min；72h±45min；7d±2h；>28d±8h

试件从水中取出后，在强度试验前应用湿布覆盖。

（1）抗折强度试验。

将试体一个侧面放在试验机支撑圆柱上，试体长轴垂直于支撑圆柱，通过加荷圆柱以（50±10）N/s的速率均匀地将荷载垂直地加在棱柱体相对侧面上，直至折断。

保持两个半截棱柱体处于潮湿状态直至抗压试验开始。

抗折强度（R_f）按式（5-38）计算（精确至0.1MPa）：

$$R_f = \frac{1.5F_f L}{B^3} \tag{5-38}$$

式中，F_f ——破坏荷载（N）；

L ——支撑圆柱中心距（mm）；

B ——棱柱体正方形截面的边长（mm）。

以三个试件测定值的算术平均值为抗折强度的测定结果，计算精确至0.1MPa。当三个强度值中有超出平均值±10%时，应剔除后再取出平均值作为抗折强度的试验结果。

（2）抗压强度试验。

抗折强度试验后的两个断块应立即进行抗压强度试验。抗压强度试验须用抗压夹具进行，在整个加荷过程中以（2400±200）N/s的速率均匀地加荷直至试件破坏。

抗压强度（R_c）按式（5-39）计算（精确至0.1MPa）：

$$R_c = \frac{F_c}{A} \tag{5-39}$$

式中，F_c——破坏荷载（N）；

A——受压面积（40mm×40mm）。

以一组三个棱柱体上得到的 6 个抗压强度测定值的算术平均值为试验结果。若 6 个测定值中有 1 个超过平均值的±10%，则此组结果作废。

5.4.2 钢筋

钢筋取样应自每批钢筋中任意抽取两根，于每根距端部 500mm 处各取一套试样（两根试件），在每套试样中取一 根做拉伸试验，另一根做冷弯试验。在拉伸试验的两根试件中，如其中一根试件的屈服点、抗拉强度和伸长率 3 个指标中有一个指标达不到标准中规定的数值，应再抽取双倍（4 倍）钢筋，制成双倍（4 根）试件重做试验，如仍有一根试件的指标达不到标准要求，则不论这个指标在第一次试验中是否达到标准要求，拉伸试验项目即为不合格。在冷弯试验中，若有一根试件不符合标准要求，应同样抽取双倍钢筋，制成双倍试件重做试验，如仍有一根试件不符合标准要求，冷弯试验项目即为不合格。

试验应在（20±10）℃下进行，如试验温度超出这一范围，应于试验记录和报告中注明。

1. 拉伸试验

试验仪器主要有万能材料试验机、游标卡尺（精确到 0.1mm）、钢筋划线机等。

抗拉试验用钢筋试件不得进行车削加工，可以用两个或一系列等分小冲点或细划线标出原始标距（标记不应影响试件断裂），测量标距长度 l_0（精确至 0.1mm），如图 5-3 所示，用横截面积计算钢筋强度，采用表 5-13 所列公称横截面积 A（mm²）。

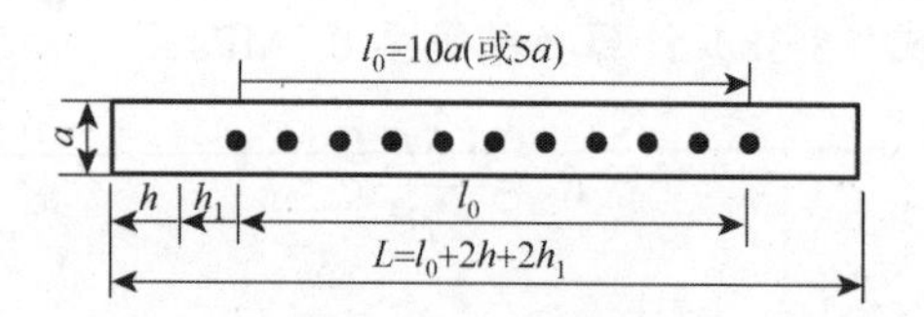

图 5-3 钢筋拉伸试件

a 表示试件原始直径；l_0 表示标距长度；h 表示夹头长度；h_1 取（0.5～1）a；L 表示试件长度

表 5-13 钢筋的公称横截面积

公称直径/mm	公称横截面积/mm²	公称直径/mm	公称横截面积/mm²
8	50.27	16	201.10
10	78.54	18	254.50
12	113.10	20	314.20
14	153.90	22	380.10

续表

公称直径/mm	公称横截面积/mm^2	公称直径/mm	公称横截面积/mm^2
25	490.90	36	1018.00
28	615.80	40	1257.00
32	804.20	50	1964.00

1）屈服强度和抗拉强度测定

（1）调整试验机测力度盘的指针，使之对零，并拨动副指针，使之与主指针重叠。

（2）将试件固定在试验机夹头内。开动试验机进行拉伸，拉伸速度为：屈服前，应力增加速率按表 5-14 规定，并保持试验机控制器固定于这一速率位置上，直至该性能测出为止；屈服后或只需测定抗拉强度时，试验机活动夹头在荷载下的移动速度不大于 $0.5L_c$（min）（$L_c = l_0+2h_1$）。

表 5-14 屈服前的应力增加速率

金属材料的弹性模量/（N/mm^2）	应力速率/[$N/(mm^2·s)$]	
	最小	最大
＜150 000	1	10
≥150 000	3	30

（3）拉伸中，测力度盘的指针停止转动时的恒定荷载，或第一次回转时的最小荷载，即为所求的屈服点荷载 F_s（N），按式（5-40）计算试件的屈服点：

$$\sigma_s = \frac{F_s}{A} \tag{5-40}$$

当 σ_s>1000MPa 时，应计算至 10MPa；当 σ_s 为 200～1000MPa 时，计算至 5MPa，当 σ_s ≤200MPa 时，计算至 1MPa。数值修约时按“四舍六入五成双法”处理。

（4）向试件连续加荷直至拉断，由测力度盘读出最大荷载 F_b（N）。按式（5-41）计算试件的抗拉强度：

$$\sigma_b = \frac{F_b}{A} \tag{5-41}$$

σ_b 计算精度的要求同 σ_s。

2）伸长率的测定

（1）将已拉断试件的两段在断裂处对齐，尽量使其轴线位于一条直线上。若拉断处由于各种原因形成缝隙，则此缝隙应计入试件拉断后的标距部分长度内。

（2）如拉断处到邻近的标距点的距离大于 1/3（l_0）时，可用卡尺直接量出已被拉长的标距长度 L_1（mm）（精确至 0.1mm）。

（3）如拉断处到邻近的标距点的距离小于或等于 1/3（l_0）时，可按下述移位法确定 L_1：在长段上，从拉断处 O 点取基本等于短段格数，得 B 点；接着取等于长段所余格数[偶数，图 5-4（a）]之半，得 C 点；或者取所余格数[奇数，图 5-4（b）]减 1 与加 1 之半，得 C 与 C_1 点。移位后的 L_1 分别为 $AO+OB+2BC$ 或者 $AO+OB+BC+BC_1$。

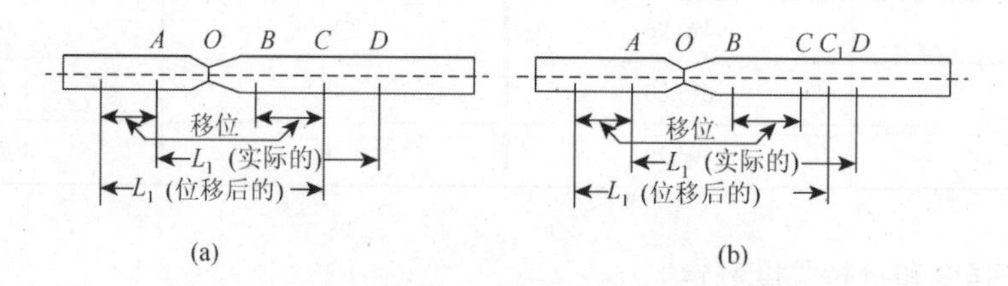

图 5-4　用移位法测量断后标距 L_1

若用直接量测所求得的伸长率能达到技术条件的规定值，则可不采用移位法。

（4）按式（5-42）计算伸长率（精确至 1%）：

$$\delta_{10}(\text{或}\delta_5)=\frac{L_1-l_0}{l_0}\times 100\% \tag{5-42}$$

（5）如试件在标距端点上或标距外断裂，则试验结果无效，应重做试验。

2. 冷弯试验

冷弯试验主要仪器有压力机或万能试验机，同时还应有不同直径的弯心（弯心直径按有关标准规定）。试验步骤如下。

1）钢筋冷弯试件不得进行车削加工，试件长度通常按式（5-43）确定。

$$L\approx 5a+150 \tag{5-43}$$

式中，L——试件长度（mm）；

a——试件原始直径（mm）。

2）半导向弯曲

试样一端固定，绕弯心直径进行弯曲，如图 5-5（a）所示，试样弯曲到规定的角度或出现裂纹、裂缝、断裂为止。

3）导向弯曲

（1）试样放置于两个支点上，将一定直径的弯心在试样的两个支点中间施加压力，使试样弯曲到规定的角度，如图 5-5（b），或出现裂缝、裂纹、断裂为止。

（2）试样在两个支点上按一定弯心直径弯曲至两臂平行时，可一次完成试验，亦可先弯曲到图 5-5（b）所示的状态，然后放置在试验机平板之间继续施加压力，压至试样两臂平行。此时可以加与弯心直径相同尺寸的衬垫进行试验，如图 5-5（c）所示。

当试样需要弯曲至两臂接触时，首先将试样弯曲到图 5-5（b）所示的状态，然后放置在试验机两平板间继续施加压力，直至两臂接触，如图 5-5（d）所示。

（3）试验应在平稳压力作用下，缓慢施加试验压力。两支棍间距离为 $(d+2.5a)\pm 0.5a$，并且在试验过程中不允许有变化。

（4）试验应在10～35℃或按控制条件（23±5）℃下进行。

4）试验结果

弯曲后，按有关标准规定检查试样弯曲外表面，进行结果评定。若无裂纹、裂缝或断裂，则评定试样合格。

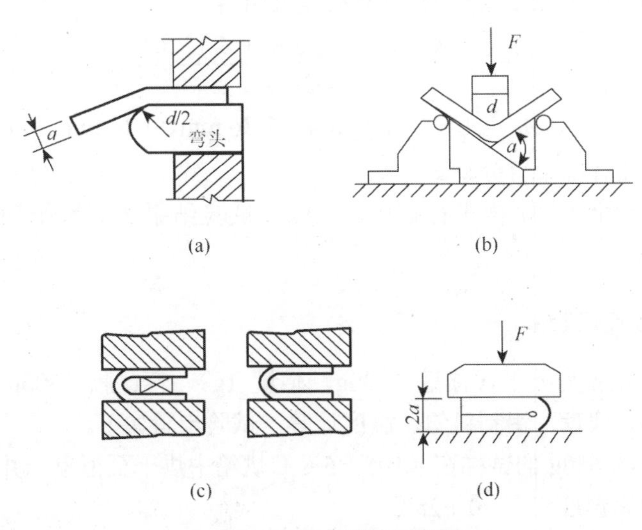

图5-5　弯曲试验示意图

5.4.3　骨料

1. *砂的筛分试验*

试验主要仪器设备为孔径为9.50 mm、4.75 mm、2.36 mm、1.18 mm、0.60 mm、0.30 mm、0.15 mm、0.075mm的方孔筛，以及筛的底盘和盖各一个；另外还需天平（称量1000g，感量1g）、摇筛机、烘箱[温度控制在（105±5）℃]、浅盘和硬、软毛刷等。试验步骤如下。

（1）用于筛分析的试样应先筛除大于10mm的颗粒，并记录其筛余百分率，然后用四分法缩分至每份不少于500g的试样两份，在（105±5）℃下烘干至恒重，冷却至室温备用。

（2）准确称取烘干试样500g，置于按筛孔大小顺序排列的套筛的最上一只筛上。将套筛装入摇筛机内固紧，摇筛10min左右，然后取出套筛，按筛孔大小顺序，在清洁的浅盘上逐个进行手筛，直至每分钟的筛出量不超过试样总量的0.1%时为止，通过的颗粒并入下一个筛中，按此顺序进行，直至每个筛全部筛完为止。若无摇筛机，也可用手筛。若试样为特细砂，在筛分时增加0.08mm的方孔筛一只。

（3）称量各号筛筛余试样（精确至1g），试样在各号筛上的筛余量不超过200g，超过时应将该筛余试样分成两份，再进行筛分，并以两次筛余量之和作为该号筛的筛余量。所有各号筛的分计筛余量和底盘中剩余量的总和与筛分前的试样总量相比，其差不得超过试样总量的1%，否则须重做试验。

（4）试验结果计算

①分计筛余百分率。各号筛上的筛余量除以试样总量的百分率，精确至 0.1%。

②累计筛余百分率。该号筛上的分计筛余百分率与大于该筛的各号筛上的分计筛余百分率之总和，精确至 0.1%。

③根据各筛的累计筛余百分率评定该试样的颗粒级配分布情况。

④按式（5-44）计算细度模数 M_x（精确至 0.01）：

$$M_x = \frac{(A_2 + A_3 + A_4 + A_5 + A_6) - 5A_1}{100 - A_1} \tag{5-44}$$

式中，A_1、A_2、A_3、A_4、A_5、A_6——4.75 mm、2.36 mm、1.18 mm、0.60 mm、0.30 mm、0.15 mm 各筛上的累计筛余百分率。

筛分试验应采用两个试样平行试验，并以其试验结果的算数平均值为测定值（精确至 0.1）。

2. *砂的表观密度试验*

试验主要仪器设备为天平（称量 1000g，感量 1g）、容量瓶（500mL）、烘箱、烧杯（500mL）、干燥器、浅盘、铝制料勺、温度计等。试验步骤如下。

（1）将缩分至约 650g 的试样在（105±5）℃烘箱中烘干至恒重，并在干燥器内冷却至室温备用。实验室温度应在 20～25℃。

（2）称取烘干试样 300g（m_0），装入盛有半瓶冷开水的容量瓶中，摇转容量瓶使试样在水中充分搅动以排除气泡，塞紧瓶塞。

（3）静置 24h 后打开瓶塞，用滴管添水使水面与瓶颈刻度线平齐，塞紧瓶塞，擦干瓶外水分，称其质量 m_1（g）。

（4）倒出瓶中的水和试样，洗净瓶内外，再注入与上项水温相差不超过 2℃的冷开水至瓶颈刻度线，塞紧瓶塞，擦干瓶外水分，称其质量 m_2（g）。

（5）试验结果。按式（5-45）计算表观密度 ρ'（精确至 0.01g/cm^3）：

$$\rho' = \frac{m_0}{m_0 + m_2 - m_1} \tag{5-45}$$

以两次测定结果的平均值为试验结果，如两次测定结果的误差大于 0.02g/cm^3，应重新取样进行试验。

3. *砂的堆积密度试验*

试验主要仪器设备为台秤（称量 5kg，感量 5g）、1L 容量筒（V_0）、烘箱、漏斗、料勺、直尺、浅盘等。试验步骤如下。

（1）取缩分试样约 3kg，在（105±5）℃的烘箱中烘干至恒重，取出冷却至室温，用边长 4.75mm 方孔筛过筛，分成大致相等的两份备用。

（2）称容量筒质量 m_1（kg）。

（3）用料勺或漏斗将试样徐徐装入容量筒内，漏斗出料口距容量筒口不应超过 5cm，直至试样装满超出桶口呈锥形为止。

（4）用直尺将多余的试样沿桶口中心线向两个相反方向刮平，称其质量 m_2（kg）。

（5）试验结果。按式（5-46）计算砂的堆积密度 ρ_0（精确至 $10kg/m^3$）：

$$\rho_0=\frac{m_2-m_1}{V_0} \tag{5-46}$$

以两次试验结果的算术平均值作为测定值。

4. *碎石和卵石的筛分析试验*

试验主要仪器设备为孔径为 2.36 mm、4.75 mm、9.50 mm、16.00 mm、19.00 mm、26.50 mm、31.50mm、37.50 mm、53.00 mm、63.00 mm、75.00 mm、90.00mm 的方孔筛，以及筛底和盖各一只；另外还需天平（或台秤）、烘箱、浅盘等。试验步骤如下。

（1）根据试样最大粒径按表 5-15 规定数量称取烘干或风干试样。

表 5-15　石子筛分析试验所需试样的最小质量

最大粒径/mm	10.0	16.0	20.0	25.0	31.5	40.0	63.0	80.0
试样最小质量/kg	2.0	3.2	4.0	5.0	6.3	8.0	12.6	16.0

注：根据最大粒径选择试验用筛，并按筛孔大小顺序过筛，直到每分钟通过量不超过试样中质量的 0.1%。

（2）称取各筛的筛余质量，精确至试样总质量的 0.1%。分析筛余量和筛底剩余的总和与筛分前试样总量相比，其差不得超过 1%。

（3）试验结果。①计算分计筛余百分率（精确至 0.1%）和累计筛余百分率（精确至 1%），计算方法同砂的筛分析；②根据各筛的累计筛余百分率，评定试样的颗粒级配。

5. *碎石或卵石的表观密度试验（简易法）*

本方法不宜用于最大粒径大于 40mm 的碎石和卵石。

试验主要仪器设备有天平（称量 5kg，感量 5g）、广口瓶（1000mL，磨口，并带玻璃片）、试验筛（孔径 4.75mm 方孔筛）、烘箱、毛巾、刷子等。试验步骤如下。

（1）试验前，将样品筛去 5mm 以下的颗粒，用四分法缩分至不小于 2kg，洗刷干净后，分成两份备用。

（2）取一份试样浸水饱和后，装入广口瓶。装试样时，广口瓶应倾斜一个适当角度。然后注满饮用水，用玻璃片覆盖瓶口，以上下左右摇晃的方法排除气泡。

（3）气泡排净后向瓶中添加饮用水至水面凸出瓶口边缘，然后用玻璃板沿瓶口迅速滑行，使其紧贴瓶口水面。擦干瓶外水分，称取试样的质量 m_1（g）。

（4）将瓶中试样倒入浅盘中，置于温度为（105±5）℃的烘箱中烘干至恒重，然后取出置于带盖的容器中，冷却至室温后称取试样的质量 m_0（g）。

（5）将瓶洗净，重新注满饮用水，用玻璃片紧贴瓶口水面。擦干瓶外水分，称取其质量 m_2（g）。

（6）试验结果。按式（5-47）计算石子的表观密度 ρ'（精确至 $0.01g/cm^3$）：

$$\rho'=\frac{m_0}{m_0+m_2-m_1} \tag{5-47}$$

以两次试验结果的算术平均值作为测定值，两次结果之差应小于 0.02g/cm^3，否则重新取样进行试验。

6 碎石和卵石的堆积密度试验

试验主要仪器设备有台秤（称量 50kg，感量 50g）、容量筒（容积按表 5-16 选取）、平头铁铲、烘箱等。试验应用烘干或风干的试样，试验步骤如下。

表 5-16 容量筒容积

石子最大粒径/mm	10.0，16.0，20.0，25.0	31.5，40.0	63.0，80.0
容量筒容积/L	10	20	30

（1）按石子最大粒径选用容量筒（容积为 V_0'），并称容量筒质量 m_1（kg）。

（2）取试样一份，置于平整干净的地板（或铁板）上，用铁铲将试样自距筒口 5cm 左右处自由落入容量筒，装满容量筒并除去凸出筒口表面的颗粒，以合适的颗粒填入凹陷部分，使表面凸起部分和凹陷部分的体积大致相等，称取容量筒和试样的总质量 m_2（kg）。

（3）试验结果。按式（5-48）计算石子的堆积密度 ρ_0'（精确至 10kg/m^3）：

$$\rho_0' = \frac{m_2 - m_1}{V_0'} \tag{5-48}$$

以两份试样测定结果的算术平均值为试验结果。

5.4.4 矿物掺合料

预制构件的混凝土常用到的矿物掺合料有粉煤灰、硅灰、磨细矿渣等，其主要检测项目见 4.2 节，其相关试验操作方法与水泥相似，具体可参见《矿物掺合料应用技术规范》（GB/T 51003—2014）、《混凝土用复合掺合料》（JG/T 486—2015）、《用于水泥和混凝土中的粉煤灰》（GB/T 1596—2017）、《用于水泥、砂浆和混凝土中的粒化高炉矿渣粉》（GB/T 18046—2017）等相关标准。

5.4.5 外加剂

PC 构件制作中主要应用的外加剂有减水剂和缓凝剂，还会用到引气剂、隔离剂、阻锈剂、防水剂等。

外加剂入厂检验时，主要检查项目有：粉状外加剂细度、含水量、饱和溶解量、不溶物含量、颜色一致性和内部结块；液体外加剂浓度、pH ；同时要检查外加剂的色泽均匀性、沉淀和表面结皮情况。检测结果应符合该产品质量合格证书中的数据，方可使用。

除此之外，还要检验外加剂与水泥混凝土的适应性，试验项目如表 5-17 所示，相关试验方法同水泥及混凝土试验方法，具体可参考《混凝土外加剂应用技术规范》（GB 50119—2013）、《混凝土外加剂》（GB 8076—2008）。

表 5-17 试验项目及所需数量

<table>
<tr><th colspan="2" rowspan="2">试验项目</th><th rowspan="2">外加剂类别</th><th rowspan="2">试验类别</th><th colspan="4">试验所需数量</th></tr>
<tr><th>混凝土拌合批数</th><th>每批取样数目</th><th>基准混凝土总取样数目</th><th>受检混凝土总取样数目</th></tr>
<tr><td colspan="2">减水剂</td><td>除早强剂、缓凝剂外各种外加剂</td><td rowspan="6">混凝土拌合物</td><td>3</td><td>1次</td><td>3次</td><td>3次</td></tr>
<tr><td colspan="2">泌水率比</td><td rowspan="3">各种外加剂</td><td>3</td><td>1个</td><td>3个</td><td>3个</td></tr>
<tr><td colspan="2">含气量</td><td>3</td><td>1个</td><td>3个</td><td>3个</td></tr>
<tr><td colspan="2">凝结时间差</td><td>3</td><td>1个</td><td>3个</td><td>3个</td></tr>
<tr><td rowspan="2">1h经时变化量</td><td>坍落度</td><td>高性能减水剂、泵送剂</td><td>3</td><td>1个</td><td>3个</td><td>3个</td></tr>
<tr><td>含气量</td><td>引气减水剂、引气剂</td><td>3</td><td>1个</td><td>3个</td><td>3个</td></tr>
<tr><td colspan="2">抗压强度比</td><td rowspan="2">各种外加剂</td><td rowspan="2">硬化混凝土</td><td>3</td><td>6块、9块或12块</td><td>18块、27块或36块</td><td>18块、27块或36块</td></tr>
<tr><td colspan="2">收缩率比</td><td>3</td><td>1条</td><td>3条</td><td>3条</td></tr>
<tr><td colspan="2">相对耐久性</td><td>引气减水剂、引气剂</td><td>硬化混凝土</td><td>3</td><td>1条</td><td>3条</td><td>3条</td></tr>
</table>

注：本表摘自《混凝土外加剂》（GB 8076—2008）。

5.4.6 预埋螺栓、螺母、吊钉

螺栓、螺母均为机械紧固件，是保证预制构件吊运、安装及施工过程所必需的连接仪器、吊装设备的连接构件，要有足够的质量以保证施工的正常进行；吊钉是预制构件起重过程中常用的一种吊具，如果吊钉选材不当或加工质量不好极有可能发生脆性断裂破坏，引起预制构件吊物坠落，带来严重安全问题。

目前，预制构件工厂对其只做进场验收检验（具体检测内容见 4.2 节），其物理力学性能交由第三方检测机构试验检测，故本部分只做简单说明。

5.4.7 保温材料

保温材料的主要检测项目有：表观密度、导热系数、抗拉强度、尺寸稳定性及压缩强度等。导热系数是评价保温材料绝热性能的主要技术指标，其物理意义为：在稳态传热条件下，当其两侧温差为 1 ℃时，在单位时间内通过单位面积的热量，目前通常采用基于稳态法的双试件平板导热系数测定仪测定材料的导热系数。

材料的密度是指单位体积的材料重量，对于不同的材料可以分为表观密度、干密度等，是影响材料导热系数的重要因素之一。由于气相的导热系数通常要小于固相的导热系数，所以保温材料都具有很大的气孔率，即很小的密度。一般情况下，增大气孔率或减少表观密度都能够降低材料的导热系数。

保温材料的性能检测项目在各地检测标准与国家检测标准中有一定的差异，因此增加了实际检测的难度，一般交由第三方专门检测机构进行检测。

5.5　混凝土性能试验

5.5.1　混凝土拌合物试样制备

1. 一般规定

（1）拌制混凝土的原材料应符合技术要求，并与PC构件实际用料相同。在拌合前，材料的温度应与室温[应保持在（20±5）℃]相同，水泥如有结块现象，应用64孔/cm^{2}筛过筛，筛余团块不得使用。

（2）拌制混凝土的材料用量以质量计。称量的精确：骨料为±1%；水、水泥、矿物掺合料、外加剂均为±0.5%。

2. 试验主要仪器设备及试验方法

试验主要仪器设备有搅拌机、台秤、天平、量筒、拌板、拌铲、盛器等。要求机械搅拌。试验方法如下。

（1）按所定配合比备料，以全干状态为准。

（2）预拌一次，即用按配合比的水泥、砂和水组成砂浆及少量石子，在搅拌机中进行涮膛。然后倒出并刮去多余的砂浆，其目的是使水泥砂浆黏附满搅拌机的筒壁，以免正式拌合时影响拌合物的配合比。

（3）开动搅拌机，向搅拌机内依次加入石子、砂、水泥，干拌均匀，再将水徐徐加入，全部加料时间不超过2min，水全部加入后，继续拌合2min。

（4）将拌合物从搅拌机卸出，倾倒在拌板上，再经人工拌合1～2min，即可做坍落度测定或试件成型。从开始加水时算起，全部操作必须在30min内完成。

5.5.2　普通混凝土拌合物的和易性测定

试验主要仪器设备为坍落度筒、维勃稠度仪、捣棒、小铲、木尺、钢尺、拌板、镘刀等。试验步骤如下。

1. 坍落度试验

本方法适用于骨料最大粒径不大于40mm、坍落度值不小于10mm的混凝土拌合物稠度测定。测定时需拌合物约15L。

（1）润湿坍落度筒及其他用具，并把坍落度筒放在不吸水的刚性水平底板上，然后用脚踩住两边的脚踏板，使坍落度筒在装料时保持位置固定。

（2）把按要求取得的混凝土试样，用小铲分三层均匀地装入筒内，使捣实后每层高度为筒高1/3左右。每层用捣棒插捣25次，插捣应沿螺旋方向由外向中心进行，各次插捣应在截面上均匀分布。插捣筒边混凝土时，捣棒可以稍稍倾斜；捣棒应贯穿整个深度；插捣第二层和顶层时，捣棒应插透本层至下一层的表面。浇灌顶层时，混凝土应灌到高出筒口，插捣过程中，如混凝土沉落到低于筒口，则应随时添加。顶层插捣完毕，刮去多余的混凝土并用抹刀抹平。

（3）清除筒边底板上的混凝土后，垂直平稳地提起坍落度筒，提离过程应在 5～10s 完成。从开始装料到提起坍落度筒的整个进程应不间断地进行，并应在 150s 内完成。

（4）提起坍落度筒后，测量筒高与坍落后混凝土试体最高点之间的高度差，即该混凝土拌合物的坍落度值（以 mm 为单位，精确至 5mm）。

（5）坍落度筒提离后，如时间发生坍塌或一边剪坏现象，则应重新取样进行测定，如二次仍出现这种现象，则表示该拌合物的和易性不好，应予以记录备查。

（6）观察坍落后的混凝土试体的黏聚性及保水性。黏聚性的检查方法是用捣棒在已坍落的混凝土锥体侧面轻轻敲打，此时，如果锥体锥尖下沉，则表示黏聚性良好，如果锥体倒坍、部分崩裂或出现离析现象，则表示黏聚性不好。保水性以混凝土拌合物中稀浆析出的程度来评定，坍落度筒提起后如有较多的稀浆从底部析出，锥体部分的混凝土也因失浆而骨料外露，则表明此混凝土拌合物的保水性能不好，若无这种现象，则表明保水性良好。

（7）坍落度的调整。当测得拌合物的坍落度达不到要求或认为黏聚性、保水性不满意时，可保持水灰比不变，掺入水泥和水进行调整，掺量为原拌用量的 5%或 10%；当坍落度过大时，可酌情增加砂和石子，尽快拌合均匀，重做坍落度测定。

2. 维勃稠度试验

本方法用于骨料最大粒径不大于 40mm，维勃稠度在 5～30s 的混凝土拌合物稠度测定。

（1）把维勃稠度仪放置在坚实水平的地面上，用湿布将容器、坍落度筒、喂料斗内壁及其他用具润湿。

将混凝土拌合物经喂料斗分三层装入坍落度筒，装料及插捣的方法与坍落度试验相同。

（2）将圆盘、喂料斗都转离坍落度筒，小心并垂直地提起坍落度筒，此时应注意不使混凝土试体产生横向的扭动。

（3）再将圆盘转到混凝土圆台体上方，放松测杆螺丝，降下圆盘，使它轻轻地接触到混凝土顶部，拧紧定位螺丝。同时开启振动台和秒表，当透明圆盘的底面被水泥浆布满的瞬间，立即关闭振动台和秒表，记录时间（精确至 1s），由秒表读得的时间（s）即为该混凝土拌合物的维勃稠度值。

3. 混凝土拌合物表观密度试验

试验主要仪器设备为容量筒、台秤、振动台、捣棒等。试验步骤如下。

（1）用湿布将容量筒内外擦净，称出容量筒质量 m_1（kg），精确至 50g。

（2）采用振动台振实时，应一次将混凝土拌合物灌到高出容量筒口，装料时可用捣棒稍加插捣，振动过程中如混凝土沉落到低于筒口，应随时添加混凝土，振动直至表面出浆为止，采用捣棒捣实时，应根据容量筒的大小决定分层与插捣次数。

（3）用刮尺刮齐筒口，将多余的混凝土拌合物刮去、抹平，将容量筒外壁擦净，称出混凝土与容量筒总质量 m_2（kg），精确至 50g。

（4）试验结果。按式（5-49）计算混凝土拌合物的表观密度 ρ_h（精确至 10kg/m^3）：

$$\rho_h = \frac{m_2 - m_1}{V} \times 1000 \tag{5-49}$$

5.5.3　立方体抗压强度试验

试验主要仪器设备为压力试验机、振动台、试模、捣棒、小铁铲、金属直尺、镘刀等。试验步骤如下。

1. 试件的制作

（1）混凝土抗压强度试验一般以三个试件为一组，每一组试件所用的混凝土拌合物应在同一次拌合成的拌合物中取出。

（2）制作前应将试模洗干净，并在试模的内表面涂一薄层矿物油脂。

（3）坍落度不大于 70mm 的混凝土用振动台振实。将拌合物一次装入试模，并稍有富余，然后将试模放在振动台上并加以固定，开动振动台至拌合物表面呈现水泥浆为止。记录振动时间。振动结束后用镘刀沿试模边缘将多余的拌合物刮去，并将表面抹平，坍落度大于 70mm 的混凝土采用人工捣实，混凝土拌合物分两层装入试模，每层厚度大致相等。插捣按螺旋方向由边缘向中心均匀进行。插捣底层时，捣棒应达到试模底面，插捣上层时，捣棒应穿入下层深度 20～30mm，插捣时应保持捣棒垂直不得倾斜，并用抹刀沿试模内壁插入数次，以防止产生麻面。每层插捣次数按每 100cm^2 不少于 12 次。插捣完后用橡皮锤轻轻敲打试模四壁，直至插捣棒留下的孔洞消失为止，然后刮去多余的混凝土，并用镘刀抹平。

2. 试件的养护

（1）待标准养护试件成型后，应覆盖表面以防水分蒸发，并在（20±5）℃情况下静置 1～2d，然后编号拆模。

（2）拆模后的试件应立即放在温度为（20±2）℃、相对湿度为 95%以上的标准养护室内养护，在标准养护室内试件应放在架上，彼此之间应间隔 10～20mm，并应避免用水直接冲淋试件。

（3）无标准养护室时，混凝土试件可在温度为（20±3）℃的不流动水中养护，水的 pH 不应小于 7。

（4）与构件同条件养护的试件成型后，应覆盖表面，试件的拆模时间可与实际构件的拆模时间相同。拆模后，试件仍需保持同条件养护。

3. 抗压强度试验

（1）试件自养护室内取出后，随即擦干水分，并量出其尺寸（精确 1mm），据此计算

试件的受压面积 A（mm^2）。

（2）将试件安放在压力机的下承压板上，试件的承压面应与成型时的顶面垂直，试件的中心应与试验机下压板中心对准。开动试验机，当上压板与试件接近时，调整球座，使接触均衡。

（3）加压时，应持续而均匀地加荷。混凝土强度等级低于 C30 时，加荷速度为 0.3～0.5MPa/s；混凝土强度等级高于 C30 且小于 C60 时，加荷速度为 0.5～0.8MPa/s；混凝土强度等级大于或等于 C60 时，加荷速度为 0.8～1.0MPa/s。当试件接近破坏而开始迅速变形时，停止调整试验机油门，直至试件破坏，记录破坏荷载 P（N）。

4. 试验结果计算

按式（5-50）计算试件的抗压强度（精确至 0.1MPa）：

$$f_{cc}=\frac{P}{A} \tag{5-50}$$

以三个试件的算术平均值作为该组试件的抗压强度值。三个测定值中的最大值或最小值中，如有一个与中间值的差值超过中间值的 15%时，则把最大值及最小值一并舍去，取中间值作为该组试件的抗压强度值；若有两个测定值与中间值均超过中间值的 15%，则此组试验无效。

混凝土的抗压强度值以 150mm×150mm×150mm 试件的抗压强度值为标准值，若用 100mm×100mm×100mm 试件，应乘以 0.95 的尺寸换算系数；若用 200mm×200mm×200mm 试件，应乘以 1.05 的尺寸换算系数。

5.5.4 劈裂抗拉强度试验

试验主要仪器设备为压力试验机、垫块、垫条、支座、振动台、试模、捣棒、小铁铲、金属直尺、镘刀等。其试样制备、养护均与立方体抗压强度相同，试验步骤如下。

1. 劈裂抗拉强度试验

（1）试件自养护室内取出后应及时进行试验，将试件表面与上下承压板面擦干净。

（2）将试件安放在压力机的下承压板中心位置，劈裂承压面应与试件成型时的顶面垂直；在上、下压板与试件之间垫以圆弧形垫块及垫条各一条，垫块与垫条应与试件上、下面中心线对准并与成型时的顶面垂直。宜把垫条及试件安装在定位架上使用。

（3）开动试验机，当上压板与试件接近时，调整球座，使接触均衡。加压时，应持续而均匀地加荷。混凝土强度等级低于 C30 时，加荷速度为 0.02～0.05MPa/s；混凝土强度等级高于 C30 且小于 C60 时，加荷速度为 0.05～0.08MPa/s；混凝土强度等级大于或等于 C60 时，加荷速度为 0.08～0.10MPa/s。当试件接近破坏时，应停止调整试验机油门，直至试件破坏，记录破坏荷载 F（N）。

2. 试验结果计算

按式（5-51）计算试件的劈裂抗拉强度（精确至 0.01MPa）：

$$f_{ts}=\frac{2F}{\pi A}=0.637\frac{F}{A} \tag{5-51}$$

式中，F——破坏荷载（N）；

A——试件的拉裂面面积（mm^2）。

以三个试件的算术平均值作为该组试件的抗压强度值。三个测定值中的最大值或最小值中，如有一个与中间值的差值超过中间值的 15%时，则把最大值及最小值一并舍去，取中间值作为该组试件的劈裂抗拉强度值；若有两个测定值与中间值均超过中间值的15%，则此组试验无效。

若用 100mm×100mm×100mm 非标准试件，应乘以尺寸换算系数 0.85；当混凝土强度等级大于或等于 C60 时，宜采用标准试件；使用非标准试件时，尺寸换算系数应由试验确定。

5.5.5　抗渗性能试验

对有特殊要求的混凝土还需进行渗透性或抗冻性试验。

渗透性试验主要仪器为混凝土抗渗仪、石蜡等，抗渗仪应符合《混凝土抗渗仪》（JG/T 249—2009）的规定，并应能使水压按规定的制度稳定地作用在试件上。抗渗仪施加水压力范围应为 0.1～2.0MPa。

1. 抗水渗透试验

（1）按标准方法制作上部直径为 175mm、下部直径为 185mm、高度为 150mm 的圆台体，一组 6 个试件，试件拆模后应用钢丝刷刷去两端面的水泥浆膜，然后放入标准养护室养护 28d 进行测试。

（2）抗水渗透试验的龄期宜为 28d。应在到达试验龄期的前一天，从养护室取出试件，并擦拭干净。待试件表面晾干后，应按下列方法进行试件密封。

①当用石蜡密封时，应在试件侧面表涂一层熔化的内加少量松香的石蜡。然后应用螺旋加压器将试件压入经过烘箱或电炉预热过的试模中，使试件与试模底平齐，并应在试模变冷后解除压力。试模的预热温度，应以石蜡接触试模即缓慢熔化，但不流淌为准。

②用水泥加黄油密封时，其质量比应为（2.5～3）：1 。应用三角刀将密封材料均匀地刮涂在试件侧面上，厚度应为 1～2mm。应套上试模并将试件压入，应使试件与试模底齐平。

③试件密封也可以采用其他更可靠的密封方式。

（3）试件准备好之后，应启动抗渗仪，并开通 6 个试位下的阀门，使水从 6 个孔中渗出，水应充满试位坑，在关闭 6 个试位下的阀门后应将密封好的试件安装在抗渗仪上。

（4）试验时，水压应从 0.1MPa 开始，以后应每隔 8h 增加 0.1MPa 水压，并应随时观察试件端面渗水情况。当6个试件中有3个试件表面出现渗水时，或加至规定压力（设计抗渗等级）在8h内6个试件中表面渗水试件少于3个时，可停止试验，并应记下此时的水压力。在试验过程中，当发现水从试件周边渗出时，应按前述方法重新进行密封。

2. 试验结果评定

混凝土的抗渗等级应以每组6个试件中有3个试件未出现渗水时的最大水压力乘以10来确定。混凝土的抗渗等级应按式（5-52）计算：

$$P = 10H - 1 \tag{5-52}$$

式中，P——混凝土抗渗等级；

H——6个试件中有3个试件渗水时的水压力（MPa）。

5.5.6 抗冻试验

混凝土抗冻性试验分慢冻法和快冻法。慢冻法适用于测定混凝土试件在气冻水融条件下，以经受的冻融循环次数来表示混凝土抗冻性能；快冻法适用于测定混凝土试件在水冻水融条件下，以经受的快速冻融循环次数来表示混凝土的抗冻性能。以下以慢冻法为例，介绍慢冻法抗冻性试验。

慢冻法抗冻试验所采用的试件尺寸为100mm×100mm× 100mm的立方体试件，慢冻法试验所需要的试件组数应符合表5-18的规定，每组试件应为3块。

表 5-18 慢冻法试验所需的试件组数

设计抗冻标号	D25	D50	D100	D150	D200	D250	D300	D300以上
检查强度所需冻融次数	25	50	50及100	100及150	150及200	200及250	250及300	300及设计次数
鉴定28d强度所需试件组数	1	1	1	1	1	1	1	1
冻融试件组数	1	1	2	2	2	2	2	2
对比试件组数	1	1	2	2	2	2	2	2
总试件组数	3	3	5	5	5	5	5	5

1. 慢冻法试验

（1）在标准养护室内或同条件养护的冻融试验的试件，应在养护龄期为24d时提前将试件从养护地点取出，随后应将试件放在（20±2）℃水中浸泡，浸泡时水面应高出试件顶面20～30mm，在水中浸泡的时间应为4d，试件应在28d龄期时开始进行冻融试验。始终在水中养护的冻融试验的试件，当试件养护龄期达到28d时，可直接进行后续试验，对此种情况，应在试验报告中予以说明。

（2）当试件养护龄期达到28d时应及时取出冻融试验的试件，用湿布擦除表面水分后应对外观尺寸进行测量，并应分别编号、称重，然后按编号置入试件架内，且试件架与试件的接触面积不宜超过试件底面的1/5。把试件架放入冻融试验箱后，试件与箱底以及试件与箱壁之间应至少留有20mm的空隙。试件架中各试件之间应至少保持30mm的空隙。

（3）冷冻时间应在冻融箱内温度降至–18℃时开始计算。每次从装完试件到温度降至–18℃所需的时间应为1.5～2.0h。冻融箱内温度在冷冻时应保持在（–20～–18）℃。

（4）每次冻融循环中试件的冷冻时间不应小于4h。

（5）冷冻结束后，应立即加入温度为18～20℃的水，使试件转入融化状态，加水时间不应超过10min。控制系统应确保在30min内，水温不低于10℃，且在30min后水温能保持在18～20℃。冻融箱内的水面应至少高出试件表面20mm。融化时间不应小于4h。融化完毕视为该次冻融循环结束，可进入下一次冻融循环。

（6）每25次循环宜对冻融试件进行一次外观检查。当出现严重破坏时，应立即进行称重。当试件的质量损失率超过5%，可停止其冻融循环试验。

（7）试件在达到表5-18规定的冻融循环次数后，试件应称重并进行外观检查，应详细记录试件表面破损、裂缝及边角缺损情况。当试件表面破损严重时，应先用高强石膏找平，然后应进行抗压强度试验。抗压强度试验应符合现行国家标准《混凝土物理力学性能试验方法标准》（GB/T 50081—2019）的相关规定。

（8）当冻融循环因故中断且试件处于冷冻状态时，试件应继续保持冷冻状态，直至恢复冻融试验为止，并应将故障原因及暂停时间在试验结果中注明。当试件处在融化状态下因故中断时，中断时间不应超过两个冻融循环的时间。在整个试验过程中，超过两个冻融循环时间的中断故障次数不得超过两次。

（9）当部分试件由于失效破坏或者停止试验被取出时，应用空白试件填充空位。

（10）对比试件应继续保持原有的养护条件，直到完成冻融循环后，与冻融试验的试件同时进行抗压强度试验。

（11）当冻融循环出现下列三种情况之一时，可停止试验：①已达到规定的循环次数；②抗压强度损失率已达到25%；③质量损失率已达到5%。

2. 试验结果评定

抗冻试验结果计算及处理应符合下列规定。

（1）强度损失率应按式（5-53）进行计算：

$$\Delta f_{c}=\frac{f_{c0}-f_{cn}}{f_{c0}}\times 100 \tag{5-53}$$

式中，Δf_{c}——n次冻融循环后的混凝土抗压强度损失率（%），精确至0.1；

f_{c0}——对比用的一组标准养护混凝土试件的抗压强度测定值（MPa），精确至0.1MPa；

f_{cn}——经n次冻融循环后的一组混凝土试件抗压强度测定值（MPa），精确至0.1MPa。

（2）f_{c0}和f_{cn}应以三个试件抗压强度试验结果的算术平均值作为测定值。当三个试件抗压强度最大值或最小值与中间值之差超过中间值的15%时，应剔除此值，再取其余两值的算术平均值作为测定值；当最大值和最小值均超过中间值的15%时，应取中间值作为测定值。

（3）单个试件的质量损失率应按式（5-54）计算：

$$\Delta W_{ni}=\frac{W_{0i}-W_{ni}}{W_{0i}}\times 100 \tag{5-54}$$

式中，ΔW_{ni}——n次冻融循环后第i个混凝土试件的质量损失率（%），精确至0.01；

W_{0i}——冻融循环试验前第i个混凝土试件的质量（g）；

W_{ni}——n次冻融循环后第i个混凝土试件的质量（g）。

（4）一组试件的平均质量损失率应按式（5-55）计算：

$$\Delta W_{n}=\frac{\sum_{i=1}^{3}\Delta W_{ni}}{3}\times 100 \tag{5-55}$$

式中，ΔW_{n}——n次冻融循环后一组混凝土试件的平均质量损失率（%），精确至0.1。

（5）每组试件的平均质量损失率应以三个试件的质量损失率试验结果的算术平均值作为测定值。当某个试验结果出现负值，应取0值，再取三个试件的算术平均值。当三个值中的最大值或最小值与中间值之差超过1%时，应剔除此值，再取其余两值的算术平均值作为测定值；当最大值和最小值与中间值之差均超过1%时，应取中间值作为测定值。

（6）抗冻标号应以抗压强度损失率达到25%或者质量损失率达到5%时的最大冻融循环次数并按表5-18确定。

思 考 题

1. PC构件用混凝土与普通混凝土有何区别？
2. 普通混凝土如何进行配合比设计？
3. 高性能混凝土的配合比设计方法有哪些？与普通混凝土配合比设计方法的区别是什么？
4. PC构件厂常进行的原材料性能检验项目有哪些？
5. PC构件用混凝土的检验项目有哪些？

6　PC构件制作

6.1　概　　述

工业化生产的建筑预制构件是一类绿色环保节能型建筑部件，这类构件是通过整合设计、生产、运输、施工等多道环节，实现尺寸标准化、房屋建筑营造标准化，降低资源、能源消耗和环境污染，提高房屋建筑品质和劳动生产率，为实现建筑业的可持续发展提供保障。目前预制构件主要由梁、柱、外墙板、阳台板、楼板、楼梯、集成卫生间、集成厨房等组成，预制构件的制作是装配式建筑工程全过程的关键环节。在预制构件的制作中如何快速、保质保量和更为经济地进行制作，需要依靠科技、不断进行技术创新，提出一些新的制作工艺和制作方法。

PC构件的制作质量直接影响着装配式建筑的最终质量。所以，如何提高预制构件的制作技术是一项十分重要的工作，需要引起足够的重视。因此，按建设工期要求生产出高品质的PC构件并尽可能降低成本，不仅需要工厂有基本的硬件配置，更需要合理的设计、可靠的制作技术和定量精细的管理，其中预制构件制作和生产管理是本章介绍的主要内容。这就要求预制构件生产工厂必须要有成熟的生产技术和管理人员，工厂的管理者应当具有强烈的计划意识、定量意识、优质意识和注重细节的意识。

本章按照预制构件制作的工艺流程顺序介绍PC构件的制作工艺，分为准备工程、模具工程、钢筋工程、混凝土工程、检查及后处理等工序，主要的制作工艺流程为：施工准备—组模—涂刷脱模剂（或缓凝剂）—表面装饰—钢筋制作及入模—放置预埋件、连接件等—浇筑混凝土—养护—脱模—表面检查与修补。

6.2　预制构件制作的一般规定

1. 一般规定

（1）预制构件制作厂家应具备相应的资质等级，建立完善的预制构件制作质量管理体系，并具有预制构件制作经验和必备的试验检测手段。

（2）应配备相应的技术、质量、材料、安全和生产管理人员，满足技术质量、工期和成本管理要求。

（3）生产技术人员及具体操作人员上岗之前应进行岗位培训，关键和特殊岗位必须取得相应的岗位资格证书。

（4）应做好模具、钢筋、水泥、外加剂、掺合料和骨料等主要原材料的采购、供应计划和质量控制措施。

（5）预制构件生产前，应对各种生产机械设施设备进行安装调试、工况检验和安全检查，确认其符合生产要求。

（6）预制构件制作前应准备好施工组织设计或技术方案，并经审查批准。

（7）预制构件加工制作前应绘制并审核预制构件深化设计加工图，具体内容包括预制构件模具图、配筋图、预埋吊件及预埋件的细部构造大样图等。

2. PC构件制作过程中的质量验收

1）模具、原材料和预埋件实物检查

（1）对原材料和预埋件等产品进场复检，应按进场的批次和产品的抽样检验方案执行。

（2）对混凝土强度、模具、钢筋成品和构件结构性能等，应按设计要求或规范标准规定进行抽样检验，具体见4.2节。

2）资料检查

资料检查包括原材料、预埋件等库存量单据、产品合格证（质量合格证明文件、规格、型号及性能检测报告等）及进场复验报告、重要工序的自检及交接检记录、抽样检验报告、见证检测报告和隐蔽工程验收记录等。

6.3 预制构件制作的依据

PC构件制作须依据设计图样、有关标准、工程安装计划、混凝土配合比设计和作业操作规程。

1. 设计图样

PC构件制作所依据的图样是构件制作图，对构件的所有要求都集中在构件制作图上，工厂无须自己到其他设计图中获取信息。

工厂收到构件设计图后应详细读图，领会设计意图及指令，对无法实现或无法保证质量的设计问题，以及其他不合理问题，应当向设计单位书面反馈，及时进行沟通。

常见的构件制作图样的主要问题有：构件形状无法或不易脱模；钢筋、预埋件和其他埋设物间距太小导致混凝土浆料无法浇筑；预埋件设置不全；构件编号不是唯一性等。

构件制作图样如果需要变更，必须由设计机构签发变更通知单。

2. 有关标准

PC构件制作应执行的有关国家和行业标准，包括《装配式混凝土建筑技术标准》（GB/T 51231—2016）、《装配式混凝土结构技术规程》（JGJ 1—2014）、《混凝土结构工程施工规范》（GB 50666—2011）、《高强混凝土应用技术规程》（JGJ/T 281—2012）、《混凝土结构工程施工质量验收规范》（GB 50204—2015）等，还有项目所在地关于装配式建筑的地方标准。

3. 工程安装计划

构件制作计划应根据工程安装计划制定，按照工程安装要求的各品种规格构件进场次序组织生产。

4. 混凝土配合比设计

依据经过配合比设计、试验得到的可靠的混凝土配合比制作PC构件。对梁柱连体或柱板连体构件，如果连体构件的两部分混凝土强度等级不一样，必须按照设计要求进行制作。

5. 作业操作规程

根据每个产品的特点，制定生产工艺、设备和各个作业环节的操作规程，并在预制构件的制作中严格规程执行。

6.4 预制构件制作的准备

PC构件制作的准备工作包括设计交底、编制生产计划、技术准备、质量管理方案、安全管理方案等。

6.4.1 设计交底

由建设单位组织设计单位、监理单位、施工总包单位（应包含分包单位如起重机厂家、电梯厂家、机电施工单位、内装施工单位等）和构件生产单位相关技术、质量、管理人员进行设计技术交底，主要内容如下。

（1）讲解图样要求和质量重点，进行答疑。

（2）提出质量检验要求，列出检验清单，包括隐蔽工程记录清单。

（3）提出质量检验程序等。

（4）各分包单位提出需要工厂预埋配套的相关预埋件。

（5）钢筋施工应依据已确认的施工方案组织实施，焊工及机械连接操作人员应经过技术培训且考试合格，并具有岗位资格证书。

（6）钢筋笼绑扎前应对施工人员进行技术交底。

（7）外委加工的钢筋半成品、成品进场时，钢筋加工单位应提供被加工钢筋力学性能试验报告和半成品钢筋出厂合格证，订货单位应对进场的钢筋半成品进行抽样检验。

6.4.2 编制生产计划

（1）根据安装计划编制详细的生产总计划，包含年度计划、月计划、周计划，进度计划落实到天、落实到件、落实到模具、落实到工序、落实到人员。

（2）编制模具计划，组织模具设计与制作（详见 2.3 节和 2.4 节），对模具制作图及模具进行验收。

（3）编制材料计划，选用和组织材料进厂并检验（详见 4.2 节）。

（4）编制劳动力计划，根据生产均衡或流水线合理流速安排各个环节的劳动力。

（5）编制设备、工具计划。

（6）编制能源使用计划。

（7）编制安全设施、护具计划。

6.4.3　技术准备

（1）如果构件使用套筒灌浆连接方式，做套筒和灌浆料试验（详见 3.3.3 节和 8.4.5 节）。

（2）进行混凝土配合比设计（详见 5.2 节）

（3）构件有表面装饰混凝土，需进行配合比设计，做出样块，由建设、设计、监理、总包和工厂会签存档，作为验收对照样品。

（4）PC 构件制作前，对带饰面砖或饰面板的构件应绘制排砖图或排板图。

（5）修补料配合比设计，对其附着性、耐久性进行试验，颜色与修补表面一致或接近。

（6）对构件可能出现裂缝问题，制定预防措施和处理方案。

（7）进行详细的制作工艺设计，如三明治板的保温板如何排列，如何处理拉结件处的冷桥。

（8）一些材料使用效果的试用。例如，脱模剂脱模效果是否良好；脱模剂是否对表面质量形成不利影响；装饰面砖或石材反打的结合力是否满足要求。

（9）吊架、吊具设计、制作或复核（详见 7.2 节）。

（10）翻转、转运方案设计。

（11）构件堆放方案设计，场地布置分配，货架设计制作等（详见 7.7 节）。

（12）产品保护设计。

（13）装车、运输方案设计等（详见 7.8 节）。

6.4.4　质量管理方案

1. 质量管理组织

PC 构件生产必须配置足够的质量管理人员，建立质量管理组织，宜按照生产环节分工，专业性强。图 6-1 给出了质量管理组织框架，供参考。

2. 制定质量标准

（1）以国家、行业或地方标准为依据，制定每个种类产品的质量标准。

（2）制定过程控制标准和工序衔接的半产品标准。

（3）将设计或建设单位提出的规范规定之外的要求编制到产品标准中，如质感标准、颜色标准等。

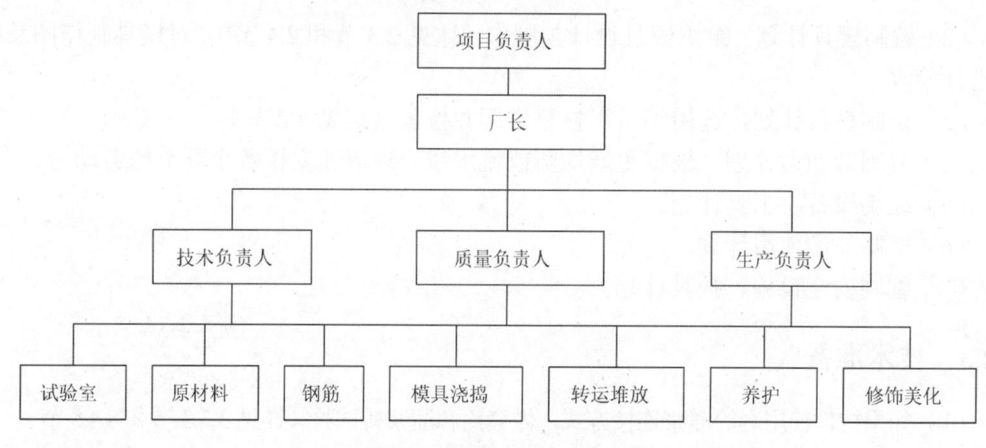

图 6-1　质量管理组织框架

3. 编制操作规程

操作规程的编制应符合产品的制作工艺，具有针对性、易操作性和可推广性。

4. 技术交底与质量培训

技术要求、操作规程等由技术部牵头，质量部参与，对生产一线工人进行规程培训，考试合格后允许上岗。

5. 质量控制环节、程序和检验方法清单

质量控制应对每个生产程序、生产过程进行监控，并认真执行检验方法和检验标准。重要环节，如原材料检验、模具组装、浇筑前检查、预埋件安装、首件验收等，必须严格控制。

6. 质量管理人员责任细化

按照生产程序安排质量管理人员，进行过程质检，按照上道工序对下道工序负责的原则，不合格品不得流转到下一个工序。

按照原材料进厂、钢筋加工、模具组装、钢筋吊入、混凝土浇筑、产品养护、产品脱模、产品修补、产品存放、产品出厂等相关环节，合理配置质量管理人员。

7. 质量标准、操作规程上墙公示

质量标准、操作规程经培训考试后张贴在生产车间醒目处，方便操作工人及时查看。

8. 质检区和质检设施、工具设计

车间内应当设立质检区，质检区要求光线明亮，配备相关的质检设施，如各种存放架、模拟现场的试验装置等，脱模后的产品应转运到质检区。

质检人员配备齐全检验工具，如卷尺、直尺、拐尺、卡尺、千分尺、塞尺、白板及其他特殊量具等，每个质检员应当配备数码相机，用于需要记录的隐蔽节点拍照。

9. 不合格品标识、隔离、处理方案

不合格品应进行明显的标识，并进行隔离。经过修补仍不合格的产品必须报废，对不合格品应分析原因，采取对应措施防止再次发生。

10. 合格证设计

合格证内容应包含产品名称、编号、型号、规格、设计强度、生产日期、生产人员、合格状态、质检员等相关信息，合格证可以是纸质书写的，也可以是由其信息形成的二维码或条形码或存储芯片。

11. 合格产品标识

检验合格的产品出货前应进行标识、张贴合格证或预埋芯片。

标识方式可以是纸质合格证、二维码、条形码，也可以是预埋芯片或无线射频识别（RFID）标签等。如果是纸质合格证，可以用记号笔手写，但必须清晰正确。

无论是纸质合格证还是电子合格证，其图样设计应美观大方。

标识位置应统一，标识在容易识别的地方，又不影响表面美观。

6.4.5　安全管理方案

（1）建立安全管理组织。

（2）制定安全管理目标。

（3）制定安全操作规程。

（4）进行安全设施设计，制定配置计划。

（5）制定安全保护护具计划。

（6）制定安全培训计划。

（7）列出安全管理重点清单。

（8）建立安全管理制度。

6.5　模 具 工 程

6.5.1　模具组装

1. 施工准备

1）技术准备

（1）模具安装前，应对进厂的模具进行扭曲、尺寸、角度以及平整度的检查，确保各使用的模具符合国家相关规范要求。

（2）模具安装前，应对试验、检测仪器设备进行校验，计量设备应经计量检定，确保各仪器、设备满足要求。

（3）模具安装前应对施工人员进行技术交底。

（4）根据工程进度计划制定构件生产计划。根据构件吊装索引图，确定构件编号、模具编号。

2）材料要求

主要材料包括：脱模剂、水平缓凝剂、垂直缓凝剂、胶水、PVC 管、灯箱、线耳、保护层垫块、玻璃胶等。

3）施工机具

主要机具包括：大刀铲、小刀铲、小锤、两用扳手、撬棍、灰桶、高压水枪、磨机（钢丝球、砂轮片）、砂纸、干扫把、干拖把、毛刷、卷尺、弹簧剪刀、螺丝刀、弹簧、玻璃胶枪等。

4）作业条件

（1）预制场地的设计和建设应根据不同的工艺、质量、安全和环保等要求进行，并符合国家和地方的相关标准或要求。

（2）模具拼装前须清洗，应去除钢模具表面铁锈、水泥残渣、污渍等。

（3）模具安装前，确保模具表面光滑干爽，且衬板没有分层的情况。

2. 模具安装

预制构件制作工艺分固定模台工艺和流水线工艺。固定模台工艺具有适用范围广、通用性强的特点，可制作各种标准化构件、非标准化和异形构件等 50 多种构件。流水线工艺较固定模台工艺适用范围窄、通用性低，主要制作标准化板类构件，如叠合板、剪力墙墙板、内隔墙板、标准化的装饰保温一体化板等十多种构件。

1）预制构件模具安装要求

不论采用何种工艺，预制构件模具安装应满足下列要求。

（1）模具安装前必须进行清理，清理后的模具内表面的任何部位不得有残留杂物。

（2）模具组装前每一块模板上要均匀喷涂脱模剂，包括连接部位。对于有粗糙面要求的模具面，如果采用缓凝剂方式，须涂刷缓凝剂。脱模剂应选用质量稳定、适于喷涂、脱模效果好的水性脱模剂，并应具有改善混凝土构件表观质量效果的功能。

（3）模具安装应按模具安装方案要求的顺序进行，对于需要先吊入钢筋骨架的构件，在吊入钢筋骨架后再组装模具。

（4）模具组装要稳定牢固。

（5）固定在模具上的预埋件、预留孔应位置准确、安装牢固，不得遗漏。

（6）模具安装就位后，接缝及连接部位应有接缝密封措施（如在拼装部位粘贴密封条），不得漏浆。

（7）在固定台模上组装模具，模具与台模连接应选用螺栓和定位销。

（8）模具安装后相关人员应对照图样自检，然后由质检员复检。

2）清理模具

自动流水线上有清理模具的清理设备，模台通过设备时，刮板降下来铲除残余混凝土或杂物；另外一侧圆盘滚刷扫掉表面浮灰。

对残余的大块的混凝土要提前清理掉，并分析原因提出整改措施。

边模由边模清洁设备清洗干净，通过传送带将清扫干净的边模送进模具库，由机械手按照一定的规格储存备用。

人工清理模具需要用镊子刀或其他铲刀清理，如图6-2和图6-3所示，需要注意清理模具要清理彻底，对残余的大块混凝土要小心清理，防止损伤模台，并分析原因提出整改措施。

图6-2 模台清扫设备

图6-3 人工清理模台图

3）放线

全自动放线是由机械手按照输入的图样信息，在模台上绘制出模具的边线。人工放线需要注意先放出控制线，从控制线引出边线；放线用的量具必须是经过验收合格的，如图6-4所示。

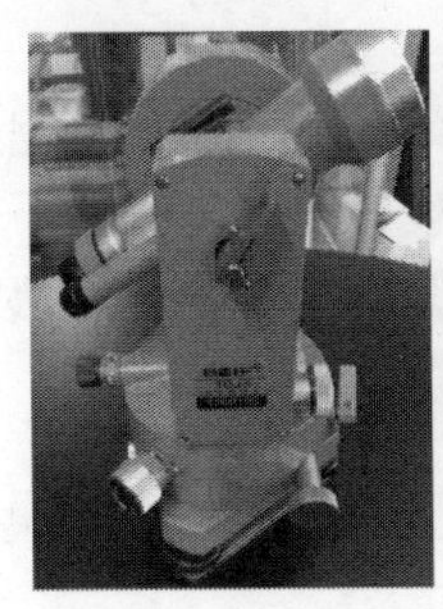
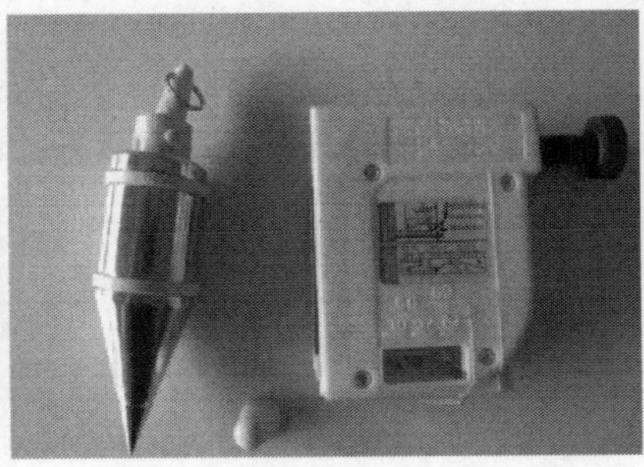

图6-4 人工放线

4）组摸

（1）机械手组模。通过模具库机械手将模具库的边模取出，由组模机械手将边模按照边线逐个摆放，并按下磁力盒开关将边模通过磁力与模台连接牢固。

（2）人工组模。固定模台工艺的模具采用人工组模；流水线工艺中一些复杂的非标准的模具，机械手不方便组装的模具，如门窗洞口的模具等，采用人工组模。固定模台人工组模如图 6-5 所示。

图 6-5　固定模台人工组模

（3）无论采用哪种方式组装模具，模具的组装应符合下列要求。

①模板的接缝应严密。

②模具内不应有杂物、积水或冰雪等。

③模板与混凝土的接触面应平整、清洁。

④组模前应检查模具各部件、部位是否洁净，脱模剂喷涂是否均匀。

⑤模具组装完成后尺寸允许偏差应符合表 2-3 的要求。8.4 节详细论述了模具组装的质检要求，同时参考了有利华建材（惠州）有限公司 PC 构件厂的经验及《混凝土结构工程施工质量验收规范》（GB 50204—2015）。

3.质量标准

1）工程质量控制标准

（1）预制构件模具尺寸的允许偏差应符合现行行业标准《装配式混凝土结构技术规程》（JGJ 1—2014）的规定。当设计有要求时，模具尺寸的允许偏差应按设计要求确定。

（2）固定在模具上的预埋件、预留孔洞中心位置的允许偏差应符合现行行业标准《装配式混凝土结构技术规程》（JGJ 1—2014）的规定。

2）质量保证措施

（1）模具安装质量应满足国家及地方相关标准的要求。

（2）模具内表面应干净光滑，无混凝土残渣等任何杂物，钢筋出孔位及所有活动块拼缝处应无累积混凝土，无黏模白灰。模具外表面（窗盖、中墙板等）、洗水面板应无累积混凝土。

（3）模具内表面打油均匀，无积油；窗盖、底座及中墙板等外表面无积油，缓凝剂涂刷均匀无遗漏。

（4）模具拼缝处无漏光，产品无漏浆及拼缝接口处无明显纱线状。

（5）模具的平整度需每周循环检查一次。

6.5.2 涂刷脱模剂

1. 涂刷前检查

在涂刷脱模剂前要检查模具是否干净。

2. 脱模剂种类

常用脱模剂有两种材质：油性和水性，制作PC构件应选用对产品表面没有污染的脱模剂。

3. 涂刷方法

1）自动涂刷

流水线配有自动喷涂脱模剂设备，模台运转到该工位后，启动设备开始喷涂脱模剂，设备上有多个喷嘴保证模台每个地方都能均匀喷到，模台离开设备工作面，设备自动关闭。喷涂设备上采用的脱模剂应为水性或者油性，不适合蜡质的脱模剂。

2）人工涂刷

人工涂抹脱模剂要使用干净的抹布或海绵，涂抹均匀后模具表面不允许有明显的痕迹，不允许有堆积和有漏涂等现象（图6-6）。

(a)涂刷前

(b)涂刷中

(c)涂刷完成

图6-6 人工涂刷脱模剂（或缓凝剂）

6.5.3 表面装饰

预制构件表面装饰层包括石材反打、装饰面砖反打和装饰混凝土。下面分别介绍这几种装饰工艺。

1. 石材反打

石材反打是将石材反铺到预制构件模板上，用不锈钢挂钩将其与钢筋连接，然后浇筑混凝土，装饰石材与混凝土构件结合为一体。通过石材反打工艺将装饰石材与预制构件一体生产，不仅可以缩短施工工期，而且外墙石材铺贴不再需要钢架，因此可节约干挂石材钢架施工，降低工程造价。

但是石材反打也存在以下技术难题。

（1）反打石材的连接：反打所用的石材微空隙多且遇水等液体易渗透而影响装饰效果，所以如何解决反打石材在PC构件制作过程中水泥浆不渗入石材是一个难题。

（2）PC板的防渗漏：上下非标准层外墙同PC反打石材标准层的节点处理；PC反打石材横竖向缝以及窗框间的防渗漏是关键之处。

（3）污染控制：反打石材外立面装饰随PC构件结构施工一次成型，装饰面层的污染控制成为关键。

（4）安装精度控制：PC板块之间平整度控制（相邻板块高差＜2mm）难度很大。所以在PC构件制作的过程中要采取合理的措施保证反打石材的稳定性及装饰效果。

石材铺设、固定作业工艺如下。

（1）在模具中铺设石材前，应根据排板图要求提前将石板加工好。

（2）石材入模铺设前，应按设计要求在石材背面钻孔、安装不锈钢锚固卡勾、涂覆隔离层（防泛碱处理剂）。

（3）清理模具，并在底模上绘制石材铺设控制线，用以校正石材铺贴的位置。

（4）铺贴前，外装饰石材底模之间应设置保护胶带或橡胶垫，以减轻混凝土落料的冲击力和防止饰面受污染；常用橡胶或聚乙烯薄膜等柔韧性的材料进行隔垫，防止模具划伤石材。

（5）按设计要求铺设石材，并向石材四个角部板缝塞入同设计缝宽的硬质方形橡胶条，用以辅助石材定位和控制石材缝宽，防止石材移位。

（6）塞入聚乙烯（PE）棒，控制背面石材板缝封闭胶深度和防止胶污染石材外表面；填缝材料应是具有抗裂性、收缩小且不污染装饰表面的防水材料。

（7）检查和调整石材板缝，做到横平竖直。

（8）背面石材板缝打胶和封堵。

（9）与石材交接的模具边口用玻璃胶进行封闭，刮除多余的玻璃胶。

（10）待背面石材板缝封闭胶凝固后，安装钢筋骨架和其他辅配件。

（11）浇捣前检查合格后进行混凝土浇筑。

（12）竖直模具上石材铺设应当用钢丝将石材与模具连接，避免石材在浇筑时错位。

2. 装饰面砖反打

用面砖作外墙面装饰，既使建筑立面美观，也可保护墙体结构不被大气中有害物质侵蚀。但受施工操作及粘贴材料的限制，在雨水等外界介质的作用下，从外墙面砖的接缝中常会流出大量白色絮状物并附着在装饰面砖表面，这种现象称为泛碱。泛碱现象不仅会污染墙面，影响建筑物外墙的装饰效果及美感；甚至还会引起粘贴所用的水泥浆产生连续不断的溶出性侵蚀，致使水泥水化产物分解，逐渐降低水泥浆的黏结力，最终可导致装饰面砖脱落。

装饰面砖防泛碱处理方式可参照石材反打施工处理方法，同时可以采取以下措施预防面砖泛碱。

（1）合理选用胶凝材料，减少氢氧化钙的含量及渗出概率。

（2）加强施工管理，提高施工质量；确保接缝平直、宽窄均匀、光滑、密实，无裂纹与空鼓；确保嵌缝材料本体及其与面砖之间黏结紧密牢固。

装饰面砖反打工艺如下。

（1）在模具中铺设面砖前应根据排砖图的要求进行配砖和加工，饰面砖应当由生产厂家根据排砖图要求进行生产和加工。砖背面应当有燕尾槽，燕尾槽的尺寸应符合相关要求。

（2）面砖铺贴前应清理模具，并在底模上绘制安装控制线，按控制线校正饰面铺贴位置。

（3）面砖与底模之间应设置橡胶垫或保护胶带，防止饰面污染。

（4）铺设饰面砖应当从一边开始铺，有门窗洞口的先铺设门窗洞口。

（5）砖缝要用专门的泡沫材料填充。泡沫材料的规格需根据面砖实际尺寸偏差适当调整宽度，当面砖尺寸偏差较大时，需按标准缝宽增减设置几种宽度的泡沫材料，用以填充非标准缝宽的砖缝，如标准砖缝宽度为5mm，可设置4.5mm和5.5mm宽度的泡沫材料。

（6）面砖需要调换时，采用专用修补材料，并对接缝进行修整，保证与原来接缝的外观质量一致。

（7）要防止砖内表面污染而造成混凝土与砖之间黏结不好，同时防止人工操作时硬鞋底损坏砖的燕尾槽，应当光脚或穿鞋底比较柔软的鞋子进行操作。

（8）面砖铺设后表面应平整，接缝应顺直，接缝的宽度和深度应符合设计要求。

3. 装饰混凝土

装饰混凝土是采用混凝土作为主要原材料，通过精心设计和施工，并进行必要的配色或表面处理来实现建筑的装饰效果或特定功能的材料或产品，如图6-7所示。呈现丰富色泽、图案和质感，逼真地模拟自然的材质和纹理，随心所欲地刻画造型和图案，而且效果历久弥新，装饰混凝土能实现混凝土和装饰性能的完美结合。装饰混凝土按表面主要装饰效果可划分为清水混凝土、彩色混凝土、露骨料混凝土、表面造型混凝土等种类。装饰混凝土具有质朴自然、美观华丽、装饰效果好、取材方便、成本低廉、便于实施等优点，是一种环境友好型的装饰材料，自从问世以来，深受人们的关注和欢迎，在国内外得到了广泛应用。我国装饰混凝土技术和产品应用还处于初级阶段。近年来随着我国建筑设计要求的不断提高，建筑创作水平也不断提高，装饰混凝土的应用越来越受到广大建筑师的青睐。相对且区别于普通混凝土的外观色彩单调、灰暗、呆板的压抑感，彩色混凝土呈现给人们富有质感的彩色观感，使原来灰色的混凝土变成多种颜色的混凝土。同样是用于色彩装饰饰面，建筑上还有类似的涂料涂刷装饰表面的效果，彩色混凝土的优势不仅在于可以省去涂料涂刷的人工、工时和材料消耗，而且其彩色是由内而外本质上的耐久性彩色“沁入”，杜绝了流于表面化的易于褪色、剥落、掉皮等现象。

图 6-7　表面为装饰混凝土的 PC 构件

彩色混凝土饰面外墙板也存在混凝土色彩不均匀、缺乏质感、容易褪色、表面泛碱及稳定性差的问题，需要通过配合比设计及样板制作，并在生产过程中采取有效的质量控制手段和措施保证彩色混凝土外墙板的生产质量。

在制作饰面混凝土时，需要注意以下几点。

（1）饰面混凝土的配合比必须单独设计，按照配合比单独搅拌，材料（特别是颜料）计量要准确。

（2）装饰混凝土面层材料要按照设计要求铺设，厚度不宜小于 10mm，以避免普通混凝土基层浆料透出。装饰混凝土厚度铺设要均匀。

（3）放置钢筋避免破坏已经铺设的装饰混凝土面层，当钢筋骨架较重时，除了有隔垫还应当有吊起钢筋骨架的辅助悬挂措施，避免钢筋骨架过重破坏隔垫。

（4）必须在表面装饰混凝土初凝前浇筑混凝土基层。装饰混凝土面层初凝后，浇筑混凝土基层会导致装饰混凝土面层脱层、脱落。为此，浇筑面层时，基层钢筋骨架、混凝土等其他所有的工序要预先准备好，以减少作业时间。

（5）采用复合模具时，形成造型与质感的模具与基层模具容易发生位移，使用胶水、玻璃胶、双面胶等粘贴方法来防止复合模具移位，特别在立面模具上的软膜极易脱落，可采用自攻螺钉进行加固。

（6）在制作清水混凝土构件时，应着重注意以下几点。

①模具干净整洁，表面无油污。

②模具组装需要严丝合缝，局部可能有缝隙的可提前用玻璃胶进行封堵、刮净。

③脱模剂喷涂均匀，并用干净抹布全部擦净。

④提前做混凝土配比试配，需保持原材料的稳定，不宜临时更换原材料品种、品牌。

⑤较薄的清水构件宜采用附着式平板振动器进行振捣，可有效减少表面起泡。

6.6　钢 筋 工 程

国内自动化钢筋生产设备的发展，主要经历了 20 世纪 80 年代的简单单机，20 世纪 90 年代的进口单机设备及复杂一些的国产设备，21 世纪前 10 年主要有钢筋加工配送中心及高速铁路、高速公路专用设备，最近几年开始的建筑产业现代化PC工厂专用设备等四个阶段。

进入21世纪以来，中国建筑业开启了建筑产业现代化的革命，要由传统劳动密集型过渡到现代工厂化的建造方式。钢筋加工方式也开始由工地简单地加工到PC车间智能化生产的转型升级。

智能化钢筋部品生产成套设备研究与产业化开发进入崭新的阶段，一些工程钢筋加工自动化成型技术等科研成果得到了进一步推广应用，这不仅保障了我国专业化钢筋加工设备的健康发展，也为现代化PC构件厂专用智能化钢筋加工设备的开发应用打下了坚实的技术基础，与发达国家技术水平差距进一步缩小。

目前，国产钢筋加工设备已完全可以满足国内PC构件生产的发展需要。PC构件厂钢筋加工设备的选型，要满足PC构件生产的种类、产能、自动化程度的要求。钢筋生产线需要与PC生产线紧密配合，其产能要略有富余，其自动化程度要与工人素质、施工组织相配套。我国新建PC工厂生产的预制构件类型主要有外墙板、内墙板、叠合板、预制楼梯、阳台、叠合梁、预制柱、异形构件等，所以要有与之对应的钢筋线材、钢筋棒材、钢筋连接、钢筋焊接等钢筋加工设备。

6.6.1 钢筋制作

1. 全自动钢筋制作

全自动钢筋制作主要加工各种箍筋、钢筋网片以及桁架筋，设备通过计算机控制识别输入进来的图样，按照图样要求从钢筋调直、成型、焊接、剪断等全过程实现自动化，大大减少人工作业，提高工作效率（图6-8和图6-9）。加工好的钢筋网片以及桁架筋，通过机械手自动吊入模具内，实现钢筋加工、入模全过程自动化。

图6-8 自动箍筋加工设备

图6-9 加工好的箍筋

全自动钢筋制作目前只适合叠合楼板、双层墙板以及钢筋骨架等相对简单的板类构件。

2. 半自动钢筋制作

半自动钢筋制作是将各个单体钢筋通过自动设备加工出来，然后人工再组装钢筋骨架（图 6-10），通过人工搬运到模具内。

(a)

(b)

图 6-10　人工组装钢筋骨架

半自动钢筋制作适合所有的产品制作，也是目前最常见的钢筋加工方式。

3. 人工钢筋制作

人工钢筋制作是指从下料、成型、钢筋笼制作、焊接或绑扎全过程不借助自动化的设备，全部由人工完成（图 6-11）。适合所有的产品制作。其缺点是效率低、劳动强度高、质量不稳定。

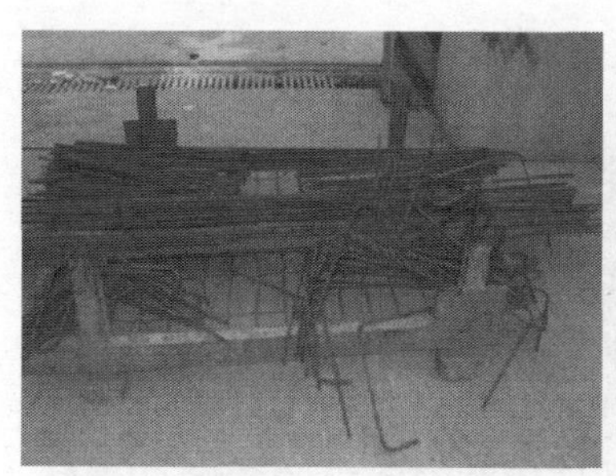

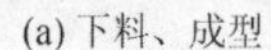

(a) 下料、成型

(b) 钢筋笼制作

(c) 固定模台内绑扎钢筋

图 6-11　人工制作钢筋笼

4. 钢筋制作质量检查

无论采用何种方式加工钢筋，都必须对加工出来的钢筋进行质量检查，确保每个入模的钢筋骨架是合格的。

钢筋进厂检查钢筋质量证明文件，按规定抽样检验屈服强度、抗拉强度、伸长率、弯曲性能、单位长度的理论重量偏差，以及钢筋外观质量。

钢筋制作质量检查内容包括：尺寸偏差、焊接质量、箍筋的位置数量、拉筋的位置数量、绑扎是否牢固等。

钢筋从原材料进厂到下料、成型、组装全过程有质检员进行检验，不合格的产品杜绝流入下一道工序。钢筋半成品外观质量要求如表6-1所示。

表6-1 钢筋半成品外观质量要求

序号	工序名称	检验项目		质量要求
1	冷拉	钢筋表面裂纹、断面明显粗细不均匀		不应有
2	冷拔	钢筋表面斑痕		不应有
3	调直	钢筋表面划伤、锤痕		不应有
4	切断	断口马蹄形		不应有
5	冷墩	墩头严重裂纹		不应有
6	热墩	夹具处钢筋烧伤		不应有
7	弯曲	弯曲部位裂纹		不应有
8	点焊	脱点、漏点	周边两行	不应有
9			中间部位	不应有相邻点
10		错点伤筋、起弧蚀损		不应有
11	对焊	接头处表面裂纹、卡具部位钢筋烧伤		HPB300、HRB335级钢筋有轻微烧伤 HRB400、HRB500级钢筋不应有
12	电弧焊	焊缝表面裂纹、较大凹陷、焊瘤、药皮不净		不应有

6.6.2 钢筋入模

1. 钢筋入模作业

（1）钢筋网和钢筋骨架在整体装运、吊装就位时，应采用多吊点的起吊方式，防止发生扭曲、弯折、歪斜等变形。

（2）吊点应根据其尺寸、重量及刚度而定，宽度大于1m的水平钢筋网宜采用四点起吊，跨度小于6m的钢筋骨架宜采用两点起吊，跨度大、刚度差的钢筋骨架宜采用横吊梁（铁扁担）四点起吊。

（3）为了防止吊点处钢筋受力变形，宜采取兜底吊或增加辅助用具。

（4）钢筋骨架入模时，钢筋应平直、无损伤，表面不得有油污、颗粒状或片状老锈，且应轻放，防止变形。

（5）钢筋入模前，应按要求敷设局部加强筋（详见2.2.1节）。

（6）钢筋入模后，还应对叠合部位的主筋和构造钢筋进行保护，防止外露钢筋在混凝土浇筑过程中受到污染，而影响到钢筋的握裹强度，已受到污染的部位须及时清理。

2. 钢筋入模定位

在生产板类构件中，钢筋入模有两种方式，一种是全自动入模，一种是通过起重机人工入模。无论采用何种方式入模，钢筋网或者钢筋骨架应符合表 6-2 的要求，表格参考《混凝土结构工程施工质量验收规范》（GB 50204—2015）中表 5.5.3。

表 6-2　钢筋网或者钢筋骨架尺寸和安装位置偏差

项目			允许偏差/mm	检验方法
绑扎钢筋网	长、宽		±10	钢尺检查
	网眼尺寸		±20	钢尺量连续三档，取最大值
绑扎钢筋骨架	长		±10	钢尺检查
	宽、高		±5	钢尺检查
	钢筋间距		±10	钢尺量两端、中间各一点
受力钢筋	位置		±5	钢尺量两端、中间各一点，取较大值
	排距		±5	
	保护层	柱、梁	±5	钢尺检查
		楼板、外墙板楼梯、阳台板	+5，-3	钢尺检查
绑扎钢筋、横向钢筋间距			±20	钢尺量连续三档，取最大值
箍筋间距			±20	钢尺量连续三档，取最大值
钢筋弯起点位置			±20	钢尺检查

3. 布置钢筋间隔件

常用的钢筋间隔件有水泥、塑料（图 6-12）和金属三种材质，PC 构件制作中为保证保护层厚度所使用的钢筋间隔件不宜为金属间隔件。

6-12　钢筋保护层塑料间隔件

钢筋保护层厚度应符合规范及设计要求，钢筋入模前应将钢筋保护层间隔件安放好。保护层间隔件与构件高度、钢筋重量等应按《混凝土结构设计规范（2015 年版）》（GB 50010—2010）的有关规定布置，且不宜小于 300mm。钢筋间隔件布置原则如下。

（1）钢筋间隔件的布置间距和安放方法应符合规范和设计要求。

（2）板类构件的表层间隔件宜按阵列式放置在纵横钢筋的交叉点位置，一般两个方向的间距均不宜大于 0.5m。

（3）墙类构件的表层间隔件应采用阵列式放置在最外层受力钢筋处，水平与竖向安放间距不应大于 0.5m。

（4）梁类构件的竖向表层间隔件应放置在最下层受力钢筋下面，同一截面宽度内至少布置两个竖向表层间隔件，间距不宜大于 1.0m；梁类水平表层间隔件应放置在受力钢筋侧面，间距不宜大于 1.2m。

（5）柱类构件（卧式浇筑）的竖向表层间隔件应放置在纵向钢筋的外侧面，间距不宜大于 1.0m。

（6）构件生产中，钢筋间隔件应根据实际情况进行调整。

4. 出筋控制

从模具伸出的钢筋位置、数量、尺寸等要符合图样要求，并严格控制质量。出筋位置、尺寸要有专用的固定架来固定（图 6-13）。

图 6-13 弯折定位

5. 套筒、波纹管、浆锚孔内模及螺旋钢筋安装

（1）套筒、波纹管、浆锚孔内模的数量和位置要确保正确。

（2）套筒与受力钢筋连接，钢筋要伸入套筒定位销处；套筒另一端与模具上的定位螺栓连接牢固。

（3）波纹管与钢筋绑扎连接牢固，端部与模具上的定位螺栓连接牢固。

（4）浆锚孔内模与模具上的定位螺栓连接牢固。

（5）要保证套筒、波纹管、浆锚孔内模的位置精度，方向垂直。

（6）保证注浆口、出浆口方向正确；如需要导管引出，导管接口应严密牢固，导管固定牢固。

（7）注浆口、出浆口做临时封堵。

（8）浆锚孔内模、螺旋钢筋位置正确，与钢筋骨架连接牢固。

6.6.3　预埋件和孔眼定位

PC 构件由于构件的装配连接需要设置许多连接件，这些连接件俗称预埋件。通常预埋件的种类有墙板与墙板、墙板与柱、墙板与横梁、梁与梁、梁与柱、柱与柱等之间连接的连接件、安装时调整构件上下高度和垂直度的连接件和临时固定的连接件，以及其他厨房和空调设备的预留孔和部分预埋的电器线路等部件。这些连接件、预留孔和线路部件都要求在预制构件中精确定位。

预埋件的定位方式一般分两种，即预埋件与模板直接接触、预埋件与模板无直接接触两类。

对于预埋件和模板面直接接触的，预埋件的固定定位可以采用在模板上打孔、用螺栓精确定位的方法，即模板组装时，根据预埋件的位置先将预埋件固定在模板上，然后放钢筋骨架浇捣混凝土，混凝土成型后拆去预埋件的固定螺栓，这样预制板脱模时预埋件和模板就没有连接了。

对于预埋件和模板面没有直接接触的，预埋件的固定采用定位架的方式定位，即在预埋件的相应位置上方，另外制作架空的定位架工装，预埋件也是采用在模板上打孔并用螺栓精确定位在定位架上。

预制构件中的预埋件及预留孔洞的形状尺寸和中线定位偏差非常重要，生产时应按要求进行逐个检验。预埋件要固定牢固，防止浇筑混凝土振捣过程中松动偏位，质检员要专项检查，固定在模具上的预埋件、预留孔洞中心位置允许偏差见表 2-4。预埋螺栓、预埋连接件、预留孔洞固定方式如图 6-14～图 6-16 所示。

图 6-14　预埋螺栓固定图

图 6-15　预埋连接件固定图

图 6-16　预留孔洞固定图

6.6.4　钢筋和预埋件隐蔽工程检查

1. 钢筋和预埋件隐蔽工程检查项目

当钢筋和预埋件安装到位后，混凝土浇筑前，应对钢筋和预埋件进行隐蔽工程检查，具体要求见8.4节，检查项目主要包括。

（1）钢筋的牌号、规格、数量、位置、间距等是否符合设计与规范要求。

（2）纵向受力钢筋的连接方式、接头位置、接头质量、接头面积百分率、搭接长度等。

（3）灌浆套筒与受力钢筋的连接位置、误差等。

（4）箍筋弯钩的弯折角度及平直段长度。

（5）钢筋机械锚固是否符合设计与规范要求。

（6）伸出钢筋的直径、伸出长度、锚固长度、位置偏差等。

（7）预埋件、吊环、预留孔洞的规格、数量、位置、定位牢固长度等。

（8）钢筋与套筒保护层厚度。

（9）夹心外墙板的保温层位置、厚度、拉结件的规格、数量、位置等。

（10）预埋管线、线盒的规格、数量、位置及固定措施。

2. 隐蔽工程检查及存档

隐蔽工程检查除检查记录外还应当建立照片、视频记录档案，以方便追溯原因、追溯责任。拍照时用小白板记录该构件的使用项目名称、检查项目、检查时间、生产单位等；对于关键部位还应当多角度地拍照，照片要清晰，如图6-17所示。隐蔽工程的检查记录应当与原材料检查记录一起存档于工厂，并按存档时间、项目进行分类储存。

图6-17 浇筑前隐蔽工程检查

隐蔽工程应通知驻厂监理验收，验收合格并填写隐蔽工程验收记录后才可进行混凝土浇筑。

6.7 混凝土工程

6.7.1 混凝土搅拌与运送

1. 混凝土搅拌

PC 构件所用的混凝土与商品混凝土有所不同，因为每一个 PC 构件所要求的混凝土质量可能都不一样，施工时间也不同，构件对混凝土的性能要求也比较高，所以 PC 构件用混凝土的搅拌作业必须要做到以下几点。

（1）控制节奏。预制混凝土作业不像现浇混凝土那样是整体浇筑，而是一个一个构件浇筑。每个构件的混凝土强度等级可能不一样，混凝土数量不一样，前道工序完成的节奏也有差异，所以，预制混凝土搅拌作业必须控制节奏，搅拌混凝土的强度等级、时机与混凝土数量必须与已经完成前道工序的构件的需求一致。既要避免搅拌量过多和搅拌后等待入模时间过长，又要尽可能提高搅拌效率。对于全自动生产线，计算机会自动调节控制节奏，对于半自动或人工控制生产线、固定模台工艺，混凝土搅拌节奏靠人工控制。需要严密的计划和作业时的互动。

（2）原材料符合设计质量要求。

（3）严格按照配合比设计材料，计量准确。

（4）搅拌时间充分。

同时，《装配式混凝土建筑技术标准》（GB/T 51231—2016）对 PC 构件制作用混凝土做了如下规定。

（1）混凝土应采用有自动计量装置的强制式搅拌机搅拌，并具有生产数据逐盘记录和实时查询功能。混凝土应按照混凝土配合比通知单进行生产，原材料每盘称量的允许偏差应符合表 6-3 的规定。

表 6-3 混凝土原材料每盘称量的允许偏差

项次	材料名称	允许偏差/%
1	胶凝材料	±2
2	粗、细骨料	±3
3	水、外加剂	±1

（2）混凝土应进行抗压强度检验，并应符合下列规定。

①混凝土检验试件应在浇筑地点取样制作。

②每拌制 100 盘且不超过 100m^3 的同配合比混凝土为一批，每工作班拌制的同一配合比的混凝土不足 100 盘也为一批。

③每批制作强度检验试块不少于 3 组，试件养护要与构件养护条件一致，养护完成后，随机抽取 1 组进行强度检验，其余试件可作为预制构件脱模和出厂时混凝土构件强度控制

检验，还可根据预制构件吊装、张拉和放张等要求，留置足够数量的同条件混凝土试块进行强度检验。

④蒸汽养护的预制构件，其强度评定混凝土试块应随同构件蒸汽养护后，再转入标准条件养护。构件脱模起吊、预应力张拉或放张的混凝土同条件试块，其养护条件应与构件生产中采用的养护条件相同。

⑤除设计有要求外，预制构件出厂时的混凝土强度不宜低于设计混凝土强度等级值的 75%。

《混凝土质量控制标准》（GB 50146—2011）规定，在生产过程中，应在搅拌地点和浇筑地点分别对混凝土拌合物进行抽样检查；经检验，拌合物性能达标的混凝土可用于构件生产制作，不达标的混凝土严禁投入构件生产。

2. 混凝土运送

PC 工厂如果采用流水线工艺，且混凝土浇筑振捣平台设在搅拌站出料口位置，混凝土直接出料给布料机，没有混凝土运送环节；如果流水线浇筑振捣平台与出料口有一定距离，或采用固定模台生产工艺，则需要考虑混凝土运送。

混凝土的运送时间是指从混凝土由搅拌机卸入运输车开始至该运输车开始卸料为止的时间。混凝土加水搅拌后，其水化作用就已经开始，随着时间的推移，水化作用持续进行，当混凝土开始初凝，水泥浆体内部就形成具有结构强度的结晶结构。由于开始初凝的混凝土已经失去流动能力，一旦受到外部作用力的振动，就会使已经初步形成的结晶结构被破坏而且不能恢复，导致混凝土强度的降低。

混凝土的浇筑成型必须在混凝土开始初凝前，所以混凝土运送时间应合理控制，原则上应尽量缩短运送时间，混凝土卸入运输车后应尽快运送至构件浇筑工地，保证在混凝土初凝前有充足的时间进行浇筑成型，避免因运送时间延长影响混凝土强度。

PC 工厂常用的混凝土运输方式有三种：自动鱼雷罐运输、起重机配合料斗运输、叉车配合料斗运输。PC 工厂超负荷生产时，厂内搅拌站无法满足生产需要，可以在工厂外的搅拌站采购商品混凝土，宜采用搅拌罐车运输。

自动鱼雷罐用于搅拌站与构件生产线布料机之间运输，运输效率高，适合浇筑混凝土连续作业。自动鱼雷罐运输时，搅拌站与生产线布料位置距离不能过长，宜控制在 150m 以内，且最好是直线运输。

车间内起重机或叉车配合料斗运输混凝土，适用于生产各种 PC 构件，运输卸料方便（图 6-18）。

混凝土运送须做到以下几点。

（1）运送能力与搅拌混凝土的节奏匹配。

（2）运送路径通畅，应尽可能短运送时间。

（3）运送混凝土容器每次出料后必须清洗干净，不能有残留混凝土。

（4）当运送路径有露天段时，遇雨雪天气，运送混凝土的叉车和料斗应当遮盖（图 6-19）。

图 6-18　叉车配合料斗运输

图 6-19　叉车和料斗防雨遮盖

预拌混凝土规范要求采用搅拌运输车运送混凝土，运送时间宜在 1.5h 内，当最高气温低于 25℃时可延长 0.5h。在实际预制构件生产中，多数企业都有自己的混凝土搅拌系统，无须购买商品混凝土，因而也减少了运输时间。预制构件厂要控制混凝土运输、浇筑总时间。这里以上海市建筑建材业市场管理总站规定的时间为例，如表 6-4 所示，仅供参考。

表 6-4　混凝土运输、浇筑和间歇的适宜时间

混凝土强度等级	气温	
	≤25℃	>25℃
<C30	60min	45min
≥C30	45min	30min

资料来源：2016 年上海市建筑建材业市场管理总站印发的《装配式建筑预制混凝土构件生产技术导则》表 6.9.4。

6.7.2　混凝土浇筑

混凝土浇筑的主要工艺流程为：浇筑前检查→混凝土入模→混凝土振捣→浇筑表面处理→清洁料斗、模具、外露钢筋及地面。本部分按照此工艺流程，详细介绍 PC 构件制作中混凝土浇筑的基本工艺及要求。

1. 施工准备

1）技术准备

（1）原材料进场前应对各原材料进行检查，确保各原材料质量符合设计和现行国家标准或规范的相关要求。

（2）浇筑前对混凝土质量检查，包括混凝土强度、坍落度、温度等，均应符合现行国家标准或规范的相关要求。

（3）混凝土浇筑前，应根据规范的相关要求对施工人员进行技术交底。

2）混凝土材料要求

（1）水泥宜采用42.5普通硅酸盐水泥，质量应符合国家现行《通用硅酸盐水泥》（GB 175—2007）的规定。

（2）砂宜选用细度模量为2.3～3.0的中粗砂，质量应符合现行国家标准《普通混凝土用砂、石质量及检验方法标准》（JGJ 52—2006）的规定。

（3）石子宜用5～25mm碎石，质量应符合现行国家标准《普通混凝土用砂、石质量及检验方法标准》（JGJ 52—2006）的规定。

（4）外加剂品种应通过实验室进行试配后确定，外加剂进厂应有质保书，质量应符合现行国家标准《混凝土外加剂》（GB 8076—2008）的规定。

（5）低钙粉煤灰应符合现行国家标准《用于水泥和混凝土中粉煤灰》（GB/T 1596—2017）中规定的各项技术性能及质量指标，同时应符合45μm筛余率≤18%，需水量比≤100%的规定。

（6）拌合用水应符合现行国家标准《混凝土用水标准》（JGJ 63—2006）的规定。

（7）混凝土中氯化物和碱的总含量应符合现行国家标准《混凝土结构设计规范（2015年版）》（GB 50010—2010）的规定和设计要求。

3）施工机具

主要施工机具包括：大小抹灰刀、振动棒、大铁铲、料斗、高压水枪、小铁铲、刻度尺、毛刷、灰桶、探针式温度测试仪、坍落度筒、坍落度捣棒等。

4）作业条件

（1）浇筑混凝土前，模具内表面应干净光滑，无混凝土残渣等任何杂物，钢筋出孔位及所有活动块拼缝处无累积混凝土，无黏模白灰。

（2）浇筑混凝土前，施工机具应全部到位，且放置位置方便施工人员使用。

2. 浇筑前检查

混凝土浇筑前主要检查以下两个方面。

（1）模具、钢筋、预埋件等检查（见6.6.4节），如图6-20所示。

图6-20 混凝土浇筑前检查

（2）混凝土的检查，检查内容：混凝土坍落度、温度、含气量、强度等，并且拍照存档。

混凝土坍落度、温度、强度测试，其具体要求如下：每车混凝土应按设计坍落度做坍落度试验和试块，混凝土坍落度在规定的温度条件下严格按照相关标准进行测试且合格，混凝土的强度等级必须符合设计要求。用于检查PC构件混凝土强度的试块应在混凝土的浇筑地点随机抽取，取样与试块留置应符合现行国家标准《混凝土结构工程施工质量验收规范》（GB 50204—2015）的规定。

3. 混凝土入模

目前混凝土的入模方式主要有布料机半自动入模、料斗人工入模及智能化入模三种模式。

1）料机半自动入模

通过人工操作布料机前后左右移动来完成混凝土的浇筑，混凝土浇筑量通过人工计算或者经验来控制，是目前国内流水线上最常用的浇筑入模方式。

2）料斗人工入模

通过人工控制起重机前后移动料斗完成混凝土浇筑，人工入模适用于异形构件及固定模台的生产线，且浇筑点、浇筑时间不固定，浇筑量完全通过人工控制，优点是机动灵活，造价低（图6-21）。

图6-21　料斗人工入模

3）智能化入模

布料机根据计算机传送过来的信息，自动识别图样以及模具，从而自动完成布料机的移动和布料，工人通过观察布料机上显示的数据，以此来判断布料机的混凝土量，随时补充。混凝土浇筑遇到窗洞口自动关闭卸料口，防止混凝土误浇筑。

相对建筑施工的混凝土现浇工艺，PC 构件的生产过程中存在的主要问题是 PC 构件模板尺寸小、钢筋密集、预埋件多，故混凝土入模空间小，多数情况下无法采用大型的机械作业，所以常采用人工浇筑。采用人工入模的方式很难控制入模混凝土数量的准确性，常常造成混凝土材料的浪费，因此采用自动化入模设备可大大提高生产效率和材料的利用率，目前也有相关企业在研究 PC 构件的数控生产线技术。

混凝土无论采用何种入模方式，浇筑时应符合下列要求。

（1）卸混凝土时，不可利用振机把混凝土移到要落的地方。

（2）浇筑混凝土应均匀连续，从模具一端开始，按规范要求的程序浇筑混凝土，每层混凝土不可超过 450mm。

（3）投料高度不宜超过 500mm。

（4）浇筑过程中应有效控制混凝土的均匀性、密实性和整体性。

（5）混凝土浇筑应在混凝土初凝前全部完成。

（6）混凝土应边浇筑边振捣。

（7）冬季混凝土入模温度不应低于 5℃。

4. 混凝土振捣

混凝土振捣方式主要有振动棒振捣、附着式振动器振捣、流水线振动台振捣。流水线振动台通过水平和垂直振动从而达到混凝土的密实；欧洲的柔性振动平台可以上下、左右、前后 360°方向运动，从而保证混凝土密实，且噪声控制在 75dB 以内。但是，PC 构件套管、预埋件多，普通振动棒可能下不去，多选用超细振动棒或者手提式振动棒（图 6-22），生产板式构件也可选用附着式振动器。

振动棒振捣混凝土应符合下列规定。

（1）振动棒应插入前一层混凝土中，插入深度不小于 50mm。

（2）振动棒应垂直于混凝土表面，振捣时应快插慢拔均匀振捣，先大面后小面；振动棒与模板的距离不应大于振动棒作用半径的一半；振捣插点间距不应大于振动棒作用半径的 1.4 倍，且不得靠近洗水面模具。

（3）振捣混凝土时限应以混凝土内无气泡冒出、混凝土表面无明显塌陷、有水泥浆出现为准。不可用力振混凝土，以免混凝土分层离析，如混凝土内已无气泡冒出，应立即停振该位置的混凝土。

（4）钢筋密集区、预埋件及套筒部位应当选用小型振动棒振捣，并加密振捣点，延长振捣时间。

（5）振捣混凝土时，应避免钢筋、板模等振松。

（6）反打石材、瓷砖等墙板振捣时应注意震动损伤石材或瓷砖。

固定模台生产板类构件如叠合楼板、阳台板等薄壁性构件可选用附着式振动器（图 6-23）。附着振动器振捣混凝土应符合下列规定。

（1）振动器与模板紧密连接，设置间距通过试验来确定。

（2）模台上使用多台附着振动器时，应使各振动器的频率一致，并应交错设置在相对的模台上。

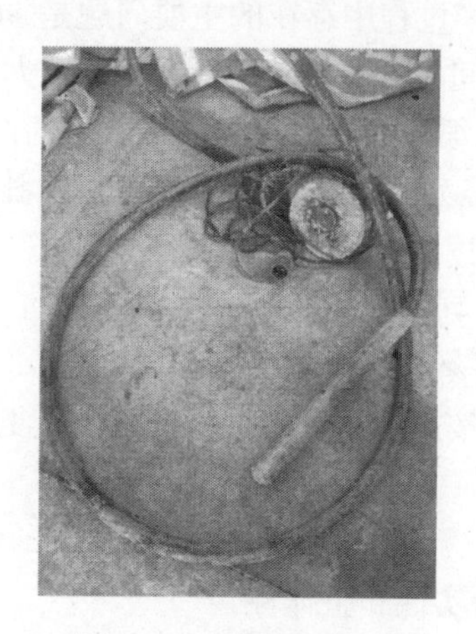

图 6-22　手提式振动棒

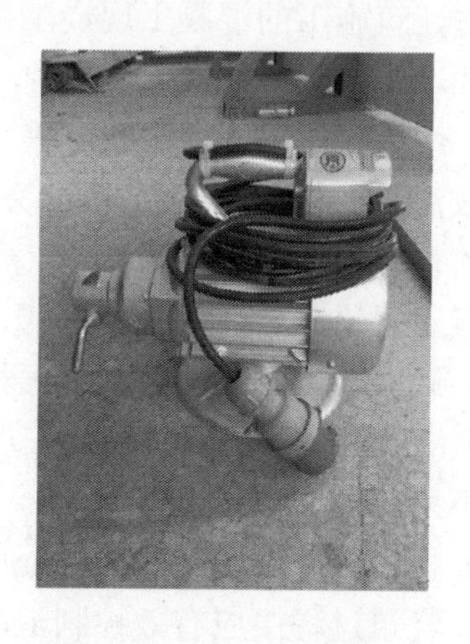

图 6-23　附着式振动器

5. 浇筑表面处理

PC 构件混凝土表面处理工艺主要有以下四个方面。

1）压光面

混凝土浇筑振捣完成后在混凝土终凝前，应当先采用木抹子对混凝土表面砂光、砂平，然后用铁抹子压光至平直光滑表面。

2）粗糙面

需要粗糙面的可采用拉毛工具拉毛，或者使用露骨料剂喷涂等方式来完成粗糙面。图 6-24 是预应力叠合板浇筑面表面做拉毛粗糙面的情况；图 6-25 的粗糙面是通过喷涂缓凝剂拆模后水洗获得的粗糙面和键槽。

图 6-24　预应力叠合板浇筑面表面做拉毛粗糙面

图 6-25　水洗粗糙面和键槽

3）键槽

需要在浇筑面预留键槽，应在混凝土浇筑后用内模或工具压制成型。

4）抹角

浇筑面边角做成45°抹角，如叠合板上部边角（图 6-26），或用内模成型，或由人工抹成。

图6-26　叠合板的抹角

PC构件表面处理工艺要符合下列要求。

（1）混凝土浇筑完成后，用木抹子把露出表面的混凝土压平或把高出的混凝土铲平。表面粗平后，将需洗水处用毛刷蘸取缓凝剂，均匀涂刷在混凝土表面上，涂刷时用钢筋或木条遮挡不需要洗水的部位，使缓凝剂不随意流动。

（2）混凝土表面细平是在表面压光混凝土粗平完成后半小时，且混凝土表面的水渍变成浓浆状后，先用铝合金方通边赶边压平，然后用钢抹刀反复抹压两三次，将部分浓浆压入下表层。用灰刀取一些多余浓浆填入低凹处达到混凝土表面平整、厚度一致、无泛砂、表面无气孔且无明显刀痕。

（3）混凝土表面压光是在细平后半小时且表面的浓浆用手能捏成稀团状时，开始用钢抹刀抹压混凝土表面一两次，并不产生刀痕，表面泛光平直一致；在混凝土表面收光完成后，在需要扫花的地方用钢丝耙进行初次扫花处理；在浇完混凝土 3h 后（初凝后），再次用钢丝耙进行混凝土表面的扫花；最后在混凝土初凝后，在产品的底部盖上钢印，标明日期（图 6-27）。

图 6-27　构件编号

PC 构件混凝土浇捣整平结束后，应及时清洁料斗、模具、外露钢筋及地面。

6. 夹心保温板的制作

夹心保温板也称为“三明治构件”，是主要由混凝土内叶板、保温层和混凝土外叶板组成的 PC 构件，以提高 PC 构件的保温隔热性能。包括预制混凝土夹心保温外墙板（即三明治外墙）、预制混凝土夹心保温柱、预制混凝土夹心保温梁，其中应用最广泛的是预制混凝土夹心保温外墙板。

预制混凝土夹心保温外墙板主要采用平模工艺制作，又分正打法、反打法。所谓正打法，首先进行内叶板混凝土的浇筑生产，然后组装外叶板模板、安装保温层、拉结件、外叶板钢筋后，浇筑外叶板混凝土。反之，则是反打法。

正打法的优点是浇筑内墙板时，可通过吸附式磁铁工装将各项预埋件进行固定，方快捷、简单、规整。缺点是相对加大了外叶板抹面收光的工作量，外叶板抹面收光后的平整度和光洁度较差。

反打法的优点是外叶板的平整度和光洁度高。缺点是在浇筑内叶板混凝土时，会对已浇筑的外叶板混凝土和刚刚安装的保温层造成很大的压力，造成保温层四周的翘曲。

由于内叶板面存在较多的预留预埋，不利于振动赶平机的作业，同时振动赶平机对于 20cm 厚的内叶板的振捣质量，与 5cm 厚的外叶板相比较差，要采用人工辅助振捣。相对而言，正打法适合自动化流水线生产，反打法适合固定模台生产。

1）保温板铺设与内叶板浇筑方式

这里以夹心保温外墙板为对象，介绍其使用固定模台的制作工艺。目前夹心保温外墙板的浇筑方式有两种，即一次作业法和两次作业法。其中，一次作业法因无法准确控制浇筑内外叶墙体混凝土间隔时间，所以目前还存在很大的质量和安全隐患，无法保证所有的作业在混凝土初凝前完成；初凝期间或初凝后的一些作业环节直接导致保温拉结件及其握裹混凝受到扰动，而无法满足锚固要求。日本和欧洲的夹心保温外墙板都是采用两次作业法，目前国内也建议采用两次作业法制作夹心保温外墙板。保温板铺设与内叶板浇筑的两种作业方法如下。

（1）一次作业法。在外叶板浇筑后，随即铺设预先钻孔（拉结件孔）的保温材料，插入拉结件后，随即铺设保温材料，放置内叶板钢筋、预埋件，进行隐蔽工程检查，赶在外叶板初凝前浇筑内叶板混凝土。这种作业方法一气呵成、效率较高，但容易对拉结件造成扰动，特别是内叶板安装钢筋、预埋件、隐蔽工程验收等环节需要时间较多，如果在外叶板开始初凝时造成扰动，会严重影响拉结件的锚固效果，形成安全隐患。

（2）两次作业法。外叶板浇筑后，在混凝土初凝前将保温板拉结件埋置到外叶板混凝土中，经过养护待混凝土完全凝固并达到一定强度后，再进行铺设保温材料，浇筑内叶板混凝土。铺筑保温材料和浇筑内叶板一般是在第二天进行。

2）拉结件埋置

为了保证保温板与混凝土结构的连接质量，需要设置拉结件（即保温板拉结件）来锚固保温板；同时控制内外叶墙体混凝土浇筑的间隔时间，也是为了保证拉结件与混凝土的铺固质量。

夹心保温外墙板浇筑常用的保温拉结件有两种形式，一种是预埋式，另一种是插入式。

（1）预埋式。金属类拉结件一般采用预埋式，使用时需提前将拉结件安装绑扎完成，浇筑好混凝土后严禁扰动拉结件。

（2）插入式。FRP（纤维强化塑料，俗称玻璃钢）拉结件的埋置方式一般采用插入式，当外叶板混凝土浇筑后，要求在初凝前插入拉结件，防止混凝土初凝后拉结件插不进去或虽然插入但混凝土握裹不住拉结件。严禁隔着保温层材料插入拉结件，这样的插入方式会把保温层材料破碎的颗粒挤到混凝土中，破碎的颗粒与混凝土共同包裹拉结件会直接削弱拉结件的锚固力量，造成安全隐患。

根据《装配式混凝土建筑技术标准》（GB/T 51231—2016）规定，夹心保温板拉结件还应满足以下要求。

（1）夹心保温墙板内外叶墙体拉结件的品种、数量、位置对于保证内外叶墙体结构安全、避免墙体开裂极为重要，其安装必须符合设计要求和产品技术手册。

（2）带保温材料的预制构件宜采用水平浇筑方式成型，夹心保温墙板成型应符合以下规定：①拉结件的数量和位置应满足设计要求；②应采取可靠措施保证拉结件位置、保护层的厚度，保证拉结件在混凝土中可靠锚固，无论采用何种拉结方式，其锚入外叶板的长度应至少超过外叶墙截面的中心处；③应保证保温材料间拼缝严密或使用黏结材料密封处理；④在上层混凝土浇筑完成之前，下层混凝土不得初凝。

3）保温层铺设要点

（1）保温层铺设应从四周开始向中间铺设。

（2）应尽可能采用大块保温板铺设，减少拼接缝带来的热桥。

（3）不管是一次作业法还是两次作业法，拉结件都应当在保温板上钻孔后插入。

（4）对于接缝或留孔的空隙应用聚氨酯发泡进行填充。

外墙夹心保温技术伴随着装配式建筑的快速发展而逐渐受到了人们的关注，现浇混凝土建筑发展时期外墙夹心保温技术的常见缺陷是在梁、构造柱处易产生热桥；此外现场施工较复杂，且难以保证保温材料与内外叶墙的贴合度，从而产生空腔降低墙体寿命等问题。工厂预制外墙墙体能充分发挥各个材料本身的性能，保证材料间的结合度即墙体整体性，从而避免外墙夹心保温技术的常见缺陷。

7. RFID 芯片埋设

PC 构件生产企业应建立构件生产管理信息化系统，用于记录 PC 构件生产的关键信息，以追溯、管理构件的生产质量和进度。RFID 是一种以物联网为技术基础，利用射频识别技术，可以记录各项信息的芯片。

1）RFID 系统的组成及 RFID 技术特征

一个简单的 RFID 系统有以下 4 个组成部分。

（1）电子标签：由耦合组件及芯片组成，每个标签具有自己唯一的电子编码，附着在物体上标识目标对象。

（2）阅读设备：读取/写入信息标签的设备。

（3）天线：用于标签和阅读器间的射频传达。

（4）应用系统。其工作原理是：读写器通过天线把电磁波发射到空中，邻近的标签被电磁波激活；电磁波在标签上的天线激起高频电流，转换后推动标签的集成电路工作；被激活的标签会随机发射出载有标签资料的无线电波，这些微弱的无线电波最后再由读写器接收。读写器与电脑连接，对标签传回的资料进行处理或启动回应该资料的相关电脑程序。

RFID 技术有如下技术特征：①追索性；②安全性；③可持续发展性。

RFID 技术识别比传统智能芯片更精确，识别的距离更灵活，可以做到穿透性和无屏障阅读，数据容量很大，而且随着这一技术的不断发展，容量还有增大的趋势。将 RFID 智能芯片放入装配式建筑各预制构件中，可以更实时全面地追踪构件信息。同时，信息的读取上并不受芯片尺寸大小与形状限制，而且 RFID 标签正往小型化与多样形态发展，以应用于不同产品。所以相比于其他的智能芯片，RFID 的芯片更为方便、快捷，又因为预制构件是在工厂先做好的，为了配合安装，预制构件会有不同的尺寸和品质，RFID 的芯片更加适合预制构件生产。RFID 芯片标签可以重复地新增、修改、删除内部储存的数据，方便信息的更新且内部数据内容经由密码保护，使其内容不易被伪造及变造。这就大大增强了企业私密信息的保护程度。

2）RFID 技术在装配式建筑中的应用

RFID 技术运用在预制构件中，可以根据每个预制构件独有的 ID 来识别追踪管理系统，能够及时准确地掌握施工过程中各种构件的制造、运输、到场等信息，实现装配式建筑构件制作、运输、入场、存储和吊装的一体化管理。

有利集团在香港油麻地医院工程中运用了 RFID 技术，在各预制构件（包括预制楼面、梁及玻璃幕墙）中植入 RFID 标签，实现实时得出各预制构件的相关信息。在建筑工程的设计阶段植入标签，运输阶段记录信息，构件储存后记录储存信息以便提取，最后在安装阶段还能记录安装日期等。

根据上述案例，可以详细总结出 RFID 技术在装配式建筑施工各阶段的应用。

（1）构件制作阶段。在构件预制阶段，首先要安置标签，包括 RFID 标签的标签号、集成混凝土制作信息。预制人员利用 RFID 读写设备（D2180U）将构件或部品的所有信息（如预制柱的尺寸、养护信息等）写到 RFID 芯片中，根据用户需求和当前编码方法，同时借鉴工程合同清单的编码规则，对构件进行编码。然后由工作人员将写有构件所有信息的 RFID 芯片植入构件或部品体系中，以供以后各阶段工作人员读取、查阅相关信息。

（2）构件运输阶段。在构件运输阶段，主要是将 RFID 芯片植入运输车辆上，随时收集车辆运输状况，寻求最短路程和最短时间线路，从而有效降低运输费用和加快工程进度。

（3）构件入场及存储管理阶段。施工现场门禁系统中的读卡器接收到运输车辆入场信息后立即通知相关人员进行入场检验及现场验收，验收合格后按照规定运输到指定位置堆放，并将构件的到场信息录入 RFID 芯片中，以便日后查阅构件到场信息及使用情况。

（4）安装构件阶段。地面机械操作人员各持 RFID 手持终端：脉冲电压测试线夹或探头（M10A）和显示器，地面人员使用 RFID 手持终端读取构件相关信息，将数据传输给后台，其结果随即显示在显示器上，机械操作人员根据显示器上的信息按次序进行吊装，一步到位，记录每个预制构件的安装日期和位置。此外，利用 RFID 技术能够在小范围内实现精确定位的特性，可以快速定位、安排运输车辆，提高工作效率。

3）RFID 芯片埋设

RFID 芯片的埋设要方便后期识别，一般浅埋在构件表面（图 6-28 和图 6-29）。埋设方法如下。

（1）竖向构件收水抹面时，将芯片埋置在构件浇筑面中心距楼面 60～80cm 高处，带窗构件则埋置在距窗洞下边 20～40cm 中心处，并做好标记。脱模前将打印好的信息表粘贴于标记处，便于查找芯片埋设位置。

（2）水平构件一般放置在构件底部中心处，将芯片粘贴固定在平台上，与混凝土整体浇筑。

（3）芯片埋深以贴近混凝土表面为宜，埋深不应超过 2cm，具体以芯片供应厂家提供数据实测为准。

6-28　铝窗预留芯片安置点

图 6-29　埋设 RFID 芯片的铝窗

6.7.3　养护

1. 养护概述

养护是保证混凝土质量的重要环节，对混凝土的强度、抗冻性、耐久性有很大的影响。PC 构件养护有三种方式：常温、蒸汽（或加温）、养护剂养护。

PC 构件一般采用蒸汽养护，蒸汽养护可以缩短养护时间，快速脱模，提高效率，减少模具和生产设施的投入。

蒸汽养护工艺分静停期、升温期、恒温期和降温期四个阶段，如果四个阶段的养护操作过程不规范、不精细，都会影响 PC 构件的质量。

（1）静停期也称预养期，是将 PC 构件在浇筑完成后放置在室温下进行养护的过程。PC 构件中的固体颗粒在重力作用下会下沉，内部气泡会向外扩散，这样做能够使得内部气体顺利排放出去，并且能够提高水泥在蒸汽养护前的水化程度，使水泥能够具有一定的初始结构强度，在这一阶段，初始强度一般应控制在 0.4～0.5MPa。

（2）升温期在蒸汽养护工艺操作过程中对混凝土性能的影响非常重要，产生的放气现象能够引起显著的破坏作用。当 PC 构件受到蒸汽养护后，其在 PC 构件的表面会立马冷却和凝结，然后就会产生冷凝水膜的现象并且会立即产生冷凝热蒸汽，在这个时候，气体和水分就会在混凝土的内部进行传输，将一些孔都慢慢地连接起来，从而形成定向的孔缝，然后混凝土的体积就会迅速膨胀和增大。由于混凝土的初始结构在升温期，那么它的强度就会比较低，其内应力还没有形成，这时候 PC 构件结构就容易受到外界的伤害。一般情况下，由于一些混凝土的结构缺陷，如混凝土的孔隙率会慢慢增多、产生体积增大等，其大多数是在升温期产生的，所以对于升温的速度要求比较严格，速度不能够过快。最好是能够分段的进行升温，就是先慢慢地升温，然后再一点一点地加快升温，这样才能够大大降低液相和气相出现热膨胀后产生的破坏性影响。

（3）PC 构件强度增长的重要时期是恒温期，在这个阶段需要注意，不要设定过高的保温温度，因为这样会影响其强度的增长，所以在这个阶段尽量不要提升 PC 构件的恒温养护的温度。这个时期，水泥的水化反应会比较剧烈，而混凝土中的微管多孔结构已经慢慢地产生。由于水泥的水化热反应会造成混凝土的内部温度在一定时间内超出介质温度，其内部的水分、气体都会继续产生膨胀，但是这个阶段的 PC 构件结构的强度已经慢慢地形成并不断加强。随着水化的进行，减缩也在增加，这些因素都能够帮助 PC 构件抵御不利因素的影响。

（4）在降温期，PC 构件的结构就会慢慢地定型，这时候混凝土的内部所发生的变化主要是混凝土内外的温差、体积的收缩、水分的汽化、拉应力的出现等所造成的。降温期降温速度的选择要依据 PC 构件的尺寸大小合理选择，如若不然，一旦降温速度太快就会造成 PC 构件产生的收缩和拉应力过大，进而致使 PC 构件产生微裂缝。

蒸汽养护工艺流程的四个阶段都是非常重要的，四个环节都不能忽视，缺一不可，它们都能够直接影响 PC 构件的外观质量和结构性能。所以蒸汽养护要满足以下基本要求。

（1）采用蒸汽养护时，应分为静养、升温、恒温和降温四个阶段（图 6-30）。

（2）静养时间根据外界温度一般为 2～3h。

（3）升温温度宜为每小时 10～20℃。

（4）降温速度不宜超过每小时 10℃。

（5）柱、梁等较厚的预制构件养护最高温度宜控制在 40℃，楼板、墙板等较薄的构件养护最高温度应控制在 60℃以下，持续时间不小于 4h。

（6）当构件表面温度与外界温差不大于 20℃时，方可撤除养护措施及脱模。

（7）养护完成后，构件脱模强度不宜小于 15MPa[本数据参照有利华建材（惠州）有限公司 PC 构件厂拆模强度]，转入堆场后每天根据当天的气温对堆场构件进行适当的淋水养护（如图 6-31）。

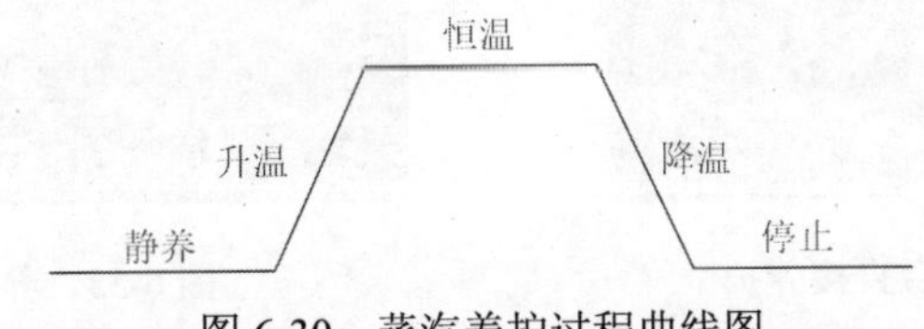

图 6-30　蒸汽养护过程曲线图

(a) 淋水养护前

(b) 淋水养护中

(c) 淋水养护完成

图 6-31　淋水养护

蒸汽养护工艺的后期养护十分重要，要求尽量堆放在室内，避免风吹日晒，如条件无法满足而只能露天堆放时，应用覆盖保护，防止表面水分散失过快而引起体积收缩过大。与此同时，由于PC构件内部温度变化比较小，随之而来的收缩也会较小，因此表面的收缩变形程度受到内部混凝土收缩变形程度的制约，就极易产生拉应力，进而造成PC构件表面产生纵横交错的干缩裂缝。

2. 蒸汽养护工艺

根据预制构件的制作工艺不同，蒸汽养护工艺也有所不同，主要有模台直接养护和集中养护两种工艺。

固定模台与立模工艺一般采用在模台直接养护的方式。蒸汽管道通到模台下，蒸汽养护时构件用苫布或移动式养护棚铺盖，在铺盖罩内通蒸汽进行养护，如图6-32所示。固定模台养护应设置全自动温度控制系统，通过调节供气量自动控制每个养护阶段及各个部位的升温降温速度和恒温温度。

流水线工艺采用养护窑集中养护，养护窑内通过散热器或者暖风炉进行加温，采用全自动温度控制系统，如图6-33所示。养护窑养护要避免构件出入窑时，窑内外温差过大。

图6-32　固定模台直接养护

图6-33　养护窑集中养护

6.7.4 脱模

1. 脱模荷载验算

脱模是PC构件制作的一个关键环节。脱模时构件从模具中分离出来，除了构件自重外，尚需克服模具的吸附力。混凝土在模具中铺敷时，界面处于近乎真空状态，PC构件凝固后在大气压力下即产生脱模吸附力。常用脱模方式主要为翻转或直接起吊，其中翻转脱模的吸附力通常较小，而起吊脱模则存在较大的吸附力。在确定构件截面的前提下，需通过脱模验算对脱模吊点进行设计，程序安排不利则可能会使构件开裂、分层。起吊脱模验算时，一般将构件自重加上脱模吸附力作为等效静力荷载进行计算。

脱模验算的等效静力荷载有以下两种取值方法。

（1）第 1 种方法，等效静力荷载 G_{sk} 取为自重 G_k 乘以脱模吸附系数 γ_s，即

$$G_{sk} = \gamma_s G_k \tag{6-1}$$

（2）第 2 种方法，等效静力荷载 G_{sk} 取为自重 G_k 乘以动力系数 β_d 与脱模吸附力之和，其中脱模吸附力为构件和模板的接触面积 A 与单位面积脱模吸附力 q_s 的乘积，即

$$G_{sk} = \beta_d G_k + q_s A \tag{6-2}$$

我国现行国家标准《混凝土结构工程施工规范》（GB 50666—2011）和行业标准《装配式混凝土结构技术规程》（JGJ 1—2014）、美国《PCI 预制预应力混凝土结构连接节点设计手册》（以下简称美国 PCI 手册）、德国工程师协会编制的标准《混凝土构件用预埋吊件及其系统》（VDI/BV-BS6205）（以下简称德国标准）均采用第 1 种方法；其中对于脱模吸附系数 γ_s，国家标准《混凝土结构工程施工规范》（GB 50666—2011）取为固定值 1.5；美国 PCI 手册和香港规范根据构件类型、模具表面情况而定，取为 1.2～1.7；德国标准对带肋构件取为 3.0～5.0，安全系数较高。另外，上述标准都指出，对于复杂情况，脱模吸附系数需根据试验确定。采用第 2 种方法的主要有《装配式混凝土结构技术规程》（JGJ 1—2014）和德国标准，其中对动力系数 β_d 分别取为 1.2 和 1.0；对单位面积脱模吸附力 q_s，《装配式混凝土结构技术规程》（JGJ 1—2014）取值≥1.5 kN/m^2，德国标准考虑了模板类型的影响，取值为 1.0～3.0 kN/m^2。

桁架钢筋板、实心墙板或夹心墙板是国内目前较为常用的预制构件。对于这些“一”字形的平底构件，令 $G_k = \gamma_c At$（其中，γ_c 为混凝土容重，取 25kN/m^3；A 为构件和模板的接触面积，m^2；t 为构件厚度），若取 $\gamma_s = 1.5$，$\beta_d = 1.2$ 和 $q_s = 1.5$kN/m^2，对比式（6-1）和式（6-2）可知，当构件厚度≤200mm 时，脱模吸附力将由式（6-2）控制，反之，则由式（6-1）控制。对于脱模吸附面积较大的肋形板，如预应力双 T 板，脱模吸附力大多由式（6-2）控制。

行业标准《装配式混凝土结构技术规程》（JGJ 1—2014）对等效静力荷载标准值的取值参考了国家标准《混凝土结构工程施工规范》（GB 50666—2011），但又考虑了国内预制混凝土平板的工程应用新经验，并参考了日本标准和我国台湾地区的经验，进一步做了修订，所以《装配式混凝土结构技术规程》（JGJ 1—2014）取值更为全面，规程该规定：等效静力荷载标准值应取构件自重标准值乘以动力系数后与脱模吸附力之和，且不宜小于构件自重标准值的 1.5 倍，其中，动力系数不宜小于 1.2，脱模吸附力应根据构件和模具的实际情况取用且不宜小于 1. 5 kN/m^2。

2.脱模准备

1）技术准备

（1）脱模前应检查混凝土凝结情况，确保混凝土强度符合脱模要求。

（2）脱模前应根据规范要求对施工人员进行技术交底，确保模板的拆除顺序按模板设计施工方案进行。

2）脱模机具要求

主要机具包括：吊梁、吊环、吊链、两用扳手、套筒扳手、铁锤、撬棍、墨斗、丝拱、钢卷尺、角尺、铅笔、字模等。

3. 脱模施工操作要求

脱模作业应符合以下要求。

（1）脱模时间。PC构件脱模起吊时混凝土强度应达到设计要求和规范要求的脱模强度，且不宜小于15MPa。构件强度依据实验室同批次、同养护条件的混凝土试块抗压强度。当设计无要求时，应符合现行国家标准《混凝土结构工程施工质量验收规范》（GB 50204—2015）和行业标准《装配式混凝土结构技术规程》（JGJ 1—2014）的有关规定。

（2）构件脱模应严格按照顺序拆模；对后张预应力构件，侧模应在预应力张拉前拆除；底模如需拆除，则应在完成张拉或初张拉后拆除。

（3）脱模时，严禁用振动、敲打方式拆模；应能保证PC构件表面及棱角不受损伤。

（4）模板吊离模位时，模板和混凝土结构之间的连接应全部拆除，移动模板时不得碰撞构件。

（5）构件吊起应平稳，楼板应采用专用多点吊架进行起吊，复杂构件应采用专门的吊架进行起吊。

（6）模板拆除后，应及时清理板面，并涂刷脱模剂；对变形部位，应及时修复；脱模后的构件运输到质检区待检。

为了保证脱模质量，还应有以下保证措施。

（1）模具螺丝无漏拆，不宜早拆。

（2）拆模时严禁敲打模具，铝窗拆模时无损伤，活动块及旁板等模具配件整齐地放在指定位置。

（3）每颗线耳必须攻丝，清洗线耳内杂物，内部涂黄油后用海绵堵住线耳入口。

（4）吊运时吊臂上的吊点均匀受力，短链条与吊臂要垂直，吊扣要扣牢固，吊臂上要加帆布带（保险带）；起吊时混凝土强度应大于15MPa，放置产品时应平稳，稳妥。

（5）编号在产品上的位置、日期、字体顺序正确。整个编号无倾斜，标志内容包括：公司名称缩写、预制件类型、预制件编号、模具编号、工程编号、预制件的重量。

（6）墨线清晰、粗细均匀、大小控制在1mm内，尺寸角度控制在2mm内。

6.8　检查及后处理

构件脱模后需要进行成品检验，首先检查构件成品的外观，检查是否有损伤、裂纹、色差、气泡、蜂窝等外观问题，其次按照图纸及规范规定，检查成品构件的尺寸、对角线、侧弯、扭翘等内容；如有问题需要进行修补处理。

6.8.1　表面检查

脱模后进行外观检查和尺寸检查（图6-34），详见8.4.1节。

外观检查重点有：①构件是否有裂缝以及蜂窝、孔洞、夹渣、疏松；②表面否有损伤、裂纹、气泡、蜂窝等；③棱角是否有破损；④表面层装饰质感、色差等外观问题。

尺寸检查的重点有：①伸出钢筋是否偏位；②套筒是否偏位；③孔眼是否偏位，孔道是否歪斜；④预埋件是否偏位；⑤外观尺寸是否符合要求；⑥平整度是否符合要求。

(a) 检查之前

(b) 检查中

(c) 检查后发现有损伤

图 6-34 技术人员正在对构件存在的问题进行检查

对于套筒和预留钢筋孔的位置误差检查，可以用模拟检查方法进行，即按照下部构件伸出钢筋的图样，用钢板焊接钢筋制作检查模板，上部构件脱模后，应检查模板试安装，看能否顺利插入。如果有问题，及时找出原因，进行调整、改进。

6.8.2 表面处理与修补

1. 粗糙面处理

大部分预制构件都有接口，按设计要求必须预留粗糙面，使构件之间连接牢固稳定。在构件制作中应严格按照设计要求进行粗糙面处理。

1）按照设计要求采用模具预留粗糙面

2）采用缓凝剂形成粗糙面

（1）应在脱模后立即处理。

（2）将未凝固水泥浆面层洗刷掉，露出骨料。

（3）粗糙面表面应坚实，不能留有酥松颗粒。

（4）防止水对构件表面形成污染。

3）采用稀释盐酸涂刷构件接口形成粗糙面

（1）应在脱模后立即处理。

（2）按照要求稀释盐酸，盐酸浓度在5%左右，不超过10%。

（3）按照要求粗糙面的凸凹深度涂刷稀释盐酸量。

（4）将被盐酸中和软化的水泥浆层洗刷掉，露出骨料。

（5）粗糙面表面应坚实，不能留有酥松颗粒。

（6）防止盐酸刷到其他表面。

（7）防止盐酸残留液对构件表面形成污染。

4）机械打磨形成粗糙面

（1）按照要求对粗糙面的凸凹深度进行打磨。

（2）防止粉尘污染。

2. 表面修补

检查预制构件表面，如有影响美观的情况，或是有轻微掉角、裂纹，要及时进行修补、制定修补方案，如图 6-35 所示。

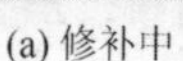

(a) 修补中

(b) 修补完成

图 6-35　技术人员正在对构件缺陷进行修补

1）掉角修补方法

（1）对于两侧底面的气泡应用修补水泥腻子填平、抹光。

（2）如有掉角、碰损，应用锤子和凿子凿去松动部分，使基层清洁，涂一层修补乳胶液（按照配合比加适量的水），再将修补水泥砂浆补上即可。待初凝时再次抹平压光，必要时使用细砂纸打磨。

（3）大的掉角要分两到三次修补，不要一次完成，修补时要用靠模，确保修补处的平整与完好，与构件表面保持一致。

2）裂缝修补方法

修补前，首先必须对裂缝处混凝土表面进行预处理，除去基层表面上的浮灰、返霜、油渍和污垢等物，并用水冲洗干净，对于表面上的凸起、疙瘩、起壳及分层疏松等部位，应将其铲除，并用清水冲洗干净，干燥后按规定进行修补。

6.8.3　成品保护

（1）应根据预制构件的种类、规格、型号、使用先后次序等条件，有计划分开堆放，堆放须平直、整齐，下垫枕木或木方，并设有醒目的标识。

（2）预制构件暴露在空气中的金属预埋件应当采取保护措施，防止产生锈蚀、变形。

（3）预埋螺栓孔应用海绵棒进行填塞，防止异物入内，外露螺杆应套塑料帽或泡沫包裹以防碰坏螺纹。

（4）产品表面禁止油脂、油漆等污染。

（5）成品堆放应垫隔垫，并采取防污染的措施。

6.8.4 构件标识

（1）预制构件脱模后应在明显部位做构件标识。

（2）经过检验合格的产品出货前应粘贴合格证。

（3）产品标识内容应包含产品名称、编号（应当与施工图编号一致）、规格、设计强度、生产日期、合格情况等。

6.9 安全生产及文明施工要点

6.9.1 安全生产要点

（1）预制构件制作前，定期召开安全会议，由施工安全负责人对所有生产人员进行安全教育，安全交底。

（2）严格执行各项安全技术措施，施工人员进入现场应戴好安全帽，按时发放和正确使用各种有关作业特点的个人劳动防护用品。

（3）施工用电应严格按有关规程、规范实施；现场电源线应采用预埋电缆，装置固定的配电盘；所有用电设备应配置触漏电保护器并正确设置接地；生活用电线路架设应规范有序。

（4）大型机械作业，对机械停放地点、行走路线、电源架设等均应制定施工措施，大型设备通过工作地点的场地应具有足够的承载力。

（5）各种机械设备的操作人员应经过相应部门组织的安全技术操作规程培训合格后，持有效证件上岗。

（6）机械操作人员工作前，应对所使用的机械设备进行安全检查，严禁设备带病使用、带病工作。

（7）机械设备运行时，应设专人指挥，负责安全工作。

6.9.2 文明施工与环境保护

PC 装配式建筑一个重要优势是节能环保，工地建筑垃圾减少、无污水和扬尘。PC 工厂是实现进一步节能环保的重要环节。

节能主要包括以下要点。

（1）降低养护能源消耗、自动控制温度、夏季及时调整养护方案。

（2）混凝土剩余料可制作一些路牙石、车挡等小型构件。

（3）模具使用结束后，可以改为他用。

（4）全自动机械化加工钢筋，减少钢筋浪费。

（5）钢筋头利用。

（6）保温材料合理剪裁。

（7）尽量减少粉尘，并有防止扬尘措施。

文明施工及环保应注意以下要点。

（1）制定相应的安全文明生产规章制度。

（2）严格执行操作规程、遵守安全文明生产纪律，进入施工现场的人员应按劳动保护规定着装和使用安全防护用品，禁止违章作业。

（3）临时设施搭建应严格按预制构件厂平面图的布置，本着“需要、实用、统一、美观”的原则，严禁乱搭乱建。

（4）场地水、电管线及通信设施、施工照明应布置合理，标识清晰。

（5）施工机械应按施工平面管理，定点停放，机容车貌整洁，消防器材齐备。

（6）进场材料应有序放置在指定场所，不随意乱堆乱放。

（7）模具配件应摆放整齐，成品按图摆放，要横平竖直，严禁横七竖八乱摆放。

（8）生产、生活区及施工临时工程应做好排水及污水处理；废水要经过三级沉淀，若水质能够达到拌合用水标准则排入清水池；若水质达不到拌合用水标准，则采用洒水车运至便道作道路洒水用。

（9）应严格控制施工过程中的噪声、粉尘和有害气体，施工场地应经常洒水除尘、保持清洁，车辆来往井然有序，避免车辆乱鸣笛、抢道等。

（10）必须严格保障职工的劳动卫生条件和身体健康，配备安全帽、防护服、手套等，为工人提供良好的场地工作条件。

思 考 题

1. PC构件制作的一般流程有哪些？
2. 钢筋制作的基本要点有哪些？
3. 混凝土浇筑前要检查哪些项目？
4. 混凝土浇筑作业的控制要点有哪些，振捣方式如何选择？
5. PC构件为什么多采用蒸汽养护？蒸汽养护的控制要点有哪些？
6. 脱模荷载如何验算？
7. 如何保证装饰石材的反打效果？

7　PC 构件吊运、堆放与运输

7.1　概　　述

目前我国装配式建筑还处于发展的初级阶段，相关规范和标准尚未健全，加之预制构件属特殊大型构件，在运输、存放、吊装等方面存在诸多问题。例如，道路不平坦、不坚实，道路转弯角度小，在构件运输过程中可能造成车辆颠簸，构件不稳定，晃动严重，使构件发生损坏等。大型预制构件吊装运输工作中有时还会发生构件放置不合理，构件支撑点不稳，构件在运输过程中容易发生碰撞导致构件损坏，甚至造成安全事故。这些问题很大程度上影响了装配式建筑的施工进度和施工安全。为了加快装配式建筑的发展和建筑工业现代化，减少建筑施工安全问题，应加强施工现场的安全管理，制定相应措施，进而推动装配式建筑向着健康、可持续方向发展。PC 构件脱模后要运到质检、修补区或表面处理区，质检、修补后再运到堆场堆放，出货时有装车、运输等环节，墙板构件还有翻转环节。在这些环节作业中，必须保证人员安全和混凝土构件完好无损。

7.2　预制构件脱模、翻转与吊运

7.2.1　预制构件吊点

预制构件脱模、吊运与翻转的吊点必须由结构设计师经过设计计算，进行结构构造设计，给出具体吊点位置。工厂在构件制作前的读图阶段应关注脱模、吊运和翻转吊点的设计，如果设计未予考虑，或设计得不合理，工厂应及时与设计师沟通，补充预制构件的吊点设计，在预制构件制作时予以埋置。

对于不用预埋吊点的构件，如有桁架筋的叠合板、用捆绑吊带吊运与翻转的小型构件，设计师也应给出吊点位置，工厂须严格执行予以标注。预制构件的起吊位置、起吊点的设置必须经过专业设计人员的精密计算，且各个构件都应有各自独立的指定吊点或起吊位置。在预制构件的起吊与运输中应遵循以下几个方面的规定。

（1）必须严格遵循相关规定和要求进行起吊与运输，绝对禁止通过构件内部的非起吊钢筋及预埋件进行起吊工作。

（2）禁止在非起吊点的位置进行起吊，如需增设或减少起吊点数量，需经过专业设计人员进行计算复核同意后，方可进行操作。

（3）对于一些不需单独设置吊点的构配件如叠合楼板进行吊装时，需要经专业人员仔细计算吊点承载力要求，确保满足承载力要求，标注吊点的具体位置，再进行起吊运输，避免出现意外情况。

（4）一定要及时与供应商做好沟通，对混凝土构件的制作要进行相应的监督，以确保构件质量和混凝土强度满足要求。

7.2.2　吊索与吊具

吊具有绳索挂钩、“一”字形吊具（图 7-1）和平面框架吊具（图 7-2）三种类型，工厂应针对不同构件、设计制作吊具。吊索与吊具应满足以下要求。

（1）必须由结构工程师进行设计或选用。

（2）吊索与吊具设计应遵循重心平衡的原则，保证 PC 构件脱模、翻转和吊运过程中不偏心。

（3）吊索的长度应按实际需要设置，吊索与水平夹角以 60°为宜，且保证不小于 45°；且保证各根吊索长度与角度协调一致，不出现偏心受力情况。

（4）工厂常用吊索和吊具应当标识可起重重量，避免超负荷起吊。

（5）吊索和吊具应定期进行完好性检查，确保吊索和吊具使用中的安全性和可靠性。

（6）吊索和吊具存放应采取防锈蚀措施，以提高吊索和吊具的使用寿命。

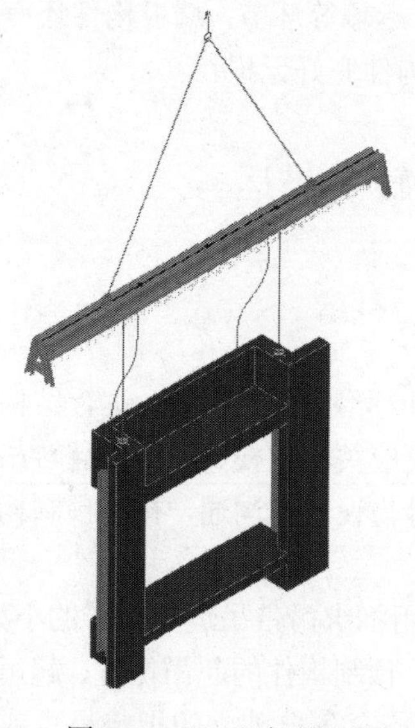

图 7-1　“一”字形吊具

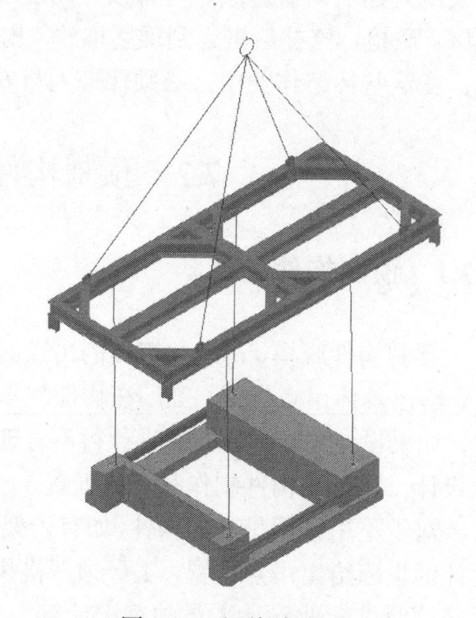

图 7-2　平面框架吊具

7.2.3　构件脱模与翻转

1. 脱模

PC 构件在脱模过程中，需要克服构件自重和模具吸附力。在脱模的过程中，要保证构件顺利完整脱出模具。在混凝土构件的设计中应考虑利于脱模问题，通过脱模验算对脱模吊点进行设计，如若构件脱模不当则可能会使构件开裂、分层。

脱模起吊验算模型受力多采用“点支承”模型计算，对于梁、柱、桩等构件，可以采用等代梁模型，而对于板类构件则可采用条带法将其简化为两个方向的等代梁模型。

以四点起吊平板为例说明脱模验算计算模型如何确定。如图 7-3 所示，板长向、短向的长度分别为 l_x、l_y，吊点到板边的距离分别为 a_x、a_y。平板可按 x、y 两个正交方向的等代梁分别进行验算，其中梁高 h 取板厚，梁宽 b 则根据吊点的位置及板厚确定，且每个方向均应考虑全部荷载的作用，验算时面荷载取 $q = G_{sk} / A$。美国 PCI 手册规定：当垂直验算方向吊点为 2 个时，等代梁宽可取垂直验算方向支点到板边缘的距离与支点一侧半跨之和；当垂直验算方向吊点为 2 个以上时，等代梁宽可取垂直验算方向支点到板边缘的距离与支点一侧半跨之和或支点两侧半跨之和；验算板短向时，条带宽度不宜大于板厚的 15 倍。因此，对于四点起吊的平板，验算 x 方向时，等代梁宽 b_x，取 $0.5l_y$，等效线荷载 $q_x = qb_y$；验算 y 方向时，等代梁宽 b_x 取 $0.5l_x$ 与 $15t$ 之间的较小值，等效线荷载 $q_y = qb_x$。

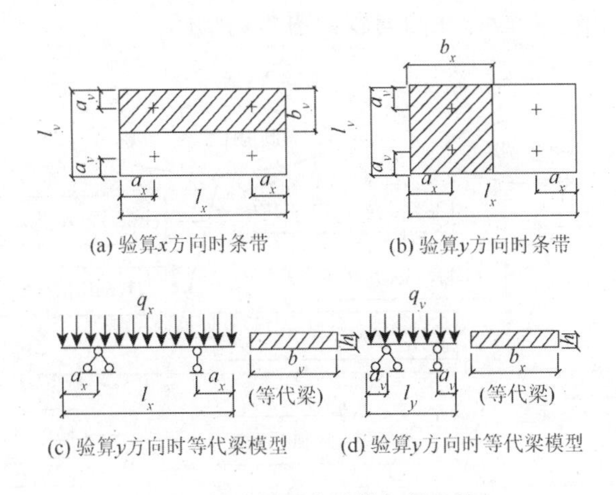

图 7-3 平板四点脱模起吊验算

当 PC 构件混凝土强度达到脱模要求时，脱模起吊需要注意以下几点。

（1）吊点连接必须紧固，避免脱扣。

（2）绳索长度和角度符合要求，没有偏心。

（3）起吊时缓慢加力，不能突然加力。

（4）当脱模起吊时出现构件与底膜粘连或构件出现裂缝时，应停止作业，由技术人员做出分析后给出作业指令再继续起吊。

2. 翻转

生产线设置自动翻转台时，翻转作业由机械完成，翻转后进入吊运阶段。

吊钩翻转包括单吊钩翻转和双（组）吊钩翻转两种方式。单吊钩翻转是在构件一端挂钩，将“躺着”的构件拉起；双（组）吊钩翻转是用两部起重设备或一部起重设备采用双吊钩方式进行翻转。

吊钩翻转作业要点如下。

（1）单吊钩翻转应在翻转时触地一端铺设软隔垫，避免构件边角损坏。隔垫材料可用橡胶垫、挤塑聚苯乙烯泡沫板、轮胎或橡胶垫等。

（2）双（组）吊钩翻转应当在绳索与构件之间放置软质材料隔垫如橡胶垫等，防止棱角损坏。

（3）双（组）吊钩翻转时，两个（组）吊钩升降应协调同步。

（4）翻转作业应当由有经验的信号工指挥。

7.3　吊装阶段常见问题分析

吊装阶段是装配式建筑施工的核心环节，目前在我国装配式建筑施工过程中，这一阶段的安全事故频发。吊装阶段存在的问题如图 7-4 所示。

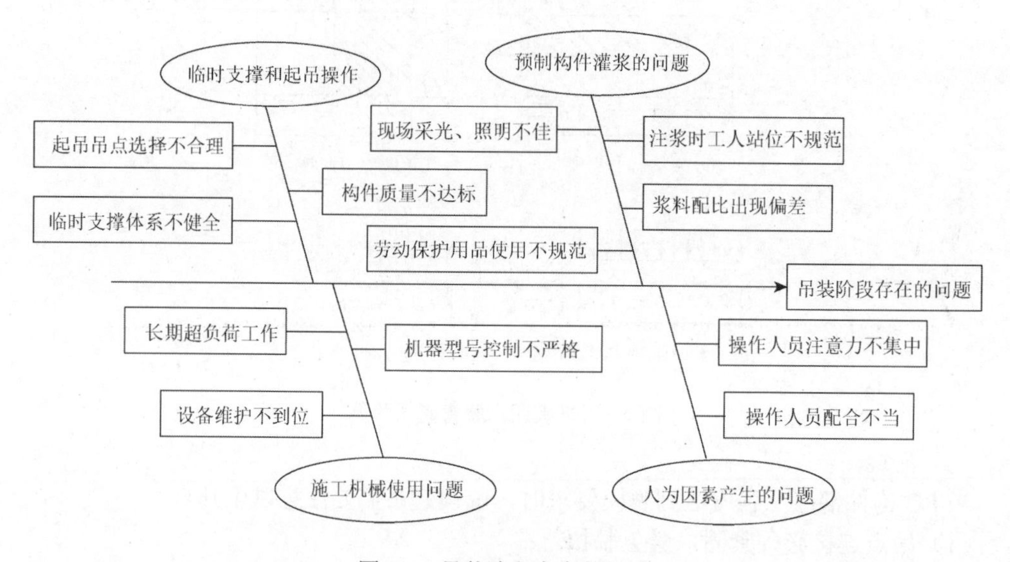

图 7-4　吊装阶段存在的问题

7.3.1　临时支撑和起吊操作

临时支撑体系不健全或者处于不稳定状态，导致构件在吊装时容易出现失稳倾翻或者滑落，对其施工人员的人身安全造成了极大的威胁。

在构件吊装过程中，塔吊吊钩直接与预制构件上的预留钢筋进行直连，或者连接构件上的起吊点。以往发生的事故案例表明，预留钢筋长度不够或者混凝土强度不达标，造成钢筋在起吊时被直接拔出，或者起吊点位置设置不合理，在吊装过程中受力不均造成构件脱落，这对下方施工人员来说是致命的危险，属于严重的工程质量问题。

7.3.2 预制构件灌浆

在灌浆过程中，由于没有进行相应的技术交底或者技术交底不够深入，以致工人在操作过程中疏忽相关要点，不仅对工程质量造成不良影响，还会对操作人员的安全产生威胁。

（1）施工一线人员对劳动保护用品使用不规范，尤其在北方地区的夏天，由于天气炎热，工人几乎不佩戴安全帽、护目镜。而在灌浆过程中极易发生喷浆情况，一旦喷入工人眼里，就会对其造成极大伤害。

（2）灌浆现场的采光、照明设施配套不完善。夜间工作时（灌浆不宜在夜间施工，这里指在特殊的抢工时期），工人没有佩戴绝缘手套或者未穿绝缘鞋，由于安全意识薄弱，停止注浆后，没断电就移动设备，这样极易发生触电危险。

（3）注浆管质量不达标，现场工人的站位不规范，在灌浆时极易因注浆管崩裂造成施工人员受伤。

（4）浆料配比过程出现偏差，灌浆时浆料水分不足堵塞设备或者管道，使注浆管接头处崩开，对周围工人和其他设备造成损伤。

7.3.3 施工机械选择和使用

施工机械的使用常常超出其荷载范围，建设单位为了节约塔吊等设备的相关费用，本着“能省则省”的原则进行租赁或购置。在购置设备的过程当中，对其型号控制不严格，或者长时间对其进行超负载吊装工作，吊装设备自身的性能就会出现问题，导致其在运行过程中出现停摆，构件滞留空中，无疑会对施工人员和现场其他设施的安全造成巨大的威胁。

7.3.4 人为因素

（1）由于施工现场塔吊工作人员任务繁重，工作强度非常大，加之人的精力是有限的，工作中难免出现分神、注意力不集中，甚至是疲惫的状态。在这种情况下，工人的操作极易发生失误，导致构件在连接过程中发生碰撞，造成伤人事件。

（2）地面指挥人员与塔吊工作人员之间的协调配合也是一个值得注意的问题，如果双方之间的沟通不顺畅，也极有可能引发安全事故。

7.4 常见构件的吊装方案

预制构件的吊装方案应结合设计要求，综合考虑构件的类型、构件的应力控制水平、机械设备的起吊能力、构件的安放位置等因素，具体确定吊点位置、吊具设计、吊装方法及顺序、临时支架方法，并进行安全性验算。根据相关规范，为保证预制构件形状、尺寸、重量和作业半径等要求，选择吊具和起重设备，所采用的吊具和起重设备及其施工操作，均应符合国家现行有关标准及产品应用技术手册的有关规定；应采取措施保证起重设备的主钩位置、吊具及构件重心在竖直方向上重合；吊索与构件水平夹角以小于60°为宜，但绝对不能小于 45°；吊装过程应平稳，不应有大幅度摆动，且不应长时间悬停；应设专人指挥，操作人员应位于安全位置。

7.4.1　预制外挂墙板吊装方案

常见的预制外挂墙板如图 7-5 所示，从图中可以看出，预制外挂墙板带有飘窗，墙的厚度变化大，其形状及结构较为复杂。在吊装过程中应做好施工前的准备工作，制定具体起吊方案，做到协调平稳起吊，不出现晃动、翻转等现象。

图 7-5　预制外挂墙板

1. 施工准备

1）技术准备

（1）预制外挂墙板安装施工前，应编制专项施工方案，并经施工总承包企业技术负责人及总监理工程师批准。

（2）预制外挂墙板安装施工前，应对施工人员进行技术交底，并由交底人和被交底人双方签字确认。

（3）预制外挂墙板安装施工前，应编制合理可行的施工计划，明确预制外挂墙板吊装的关键技术要点和时间节点。

2）材料要求

（1）预制外挂墙板进场后，检查型号、几何尺寸及外观质量应符合设计要求，横腔、竖腔防水构造完整，构件应有出厂合格证。

（2）焊接施工前应对焊接材料的品种、规格、性能进行检查，各项指标应符合标准和设计要求。

（3）密封防水胶应采用有弹性、耐老化的密封材料，衬垫材料与防水结构胶应相容，耐老化与使用年限应满足设计要求。

（4）对于饰面出现破损的预制外挂墙板，应在安装前采用配套的黏结剂进行修补。

3）施工机具

（1）吊装机具：钢丝绳、卡环、螺栓、平衡钢梁、自动扳手、起重设备、千斤顶等。

（2）非吊装机具：对讲机、吊线锤、经纬仪、水准仪、全站仪、紧固件、索具、撬棍、临时固定支撑、交流电焊机及圆钢等。

4）施工机具要求

（1）预制外挂墙板吊具由起吊拉环、起吊垫片和高强螺栓组成，预制外挂墙板吊具加工所使用的钢材强度应进行力学验算，满足预制外挂墙板起吊要求。

（2）平衡钢梁：在预制外挂墙板起吊、安装过程中，平衡预制外挂墙板受力，平衡钢梁由型号为 20 的槽钢、15～20mm 厚的钢板加工而成。

（3）标高紧固件[A 紧固件，图 7-6（a）]：A 紧固件通过螺栓穿过 A 紧固件立面的螺孔与 PC 板内预埋的带丝套筒连接，将 A 紧固件与预制外挂墙板连接成为一个整体。A 紧固件配套的大螺栓为调整预制外挂墙板标高所用，在大螺栓下部放置钢板垫片，通过大螺栓的进退丝调整预制外挂墙板标高。

（4）位置紧固件[B 紧固件，图 7-6（b）]：B 紧固件通过螺栓穿过预埋在结构梁内的钢预埋件上的带丝套筒和现浇板连接成一个整体；B 紧固件通过两侧的高强螺栓进退丝，来调节预制外挂墙板的内外位置；中间的螺栓在预制外挂墙板内外位置调整之后，用螺母来固定预制外挂墙板与 B 紧固件。

（5）垂直度调节紧固件[C 紧固件，图 7-6（c）]：C 紧固件通过两端的高强螺栓穿过预埋在结构板（预制外挂墙板）内的带丝套筒与楼板（预制外挂墙板）连接成为整体，通过调节斜撑来控制预制外挂墙板垂直度。

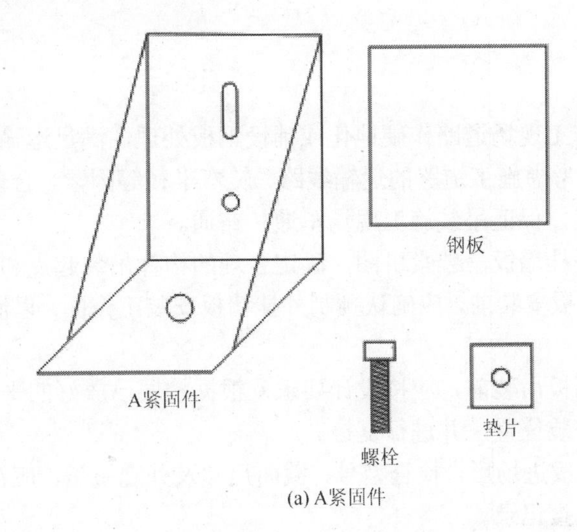

(a) A紧固件

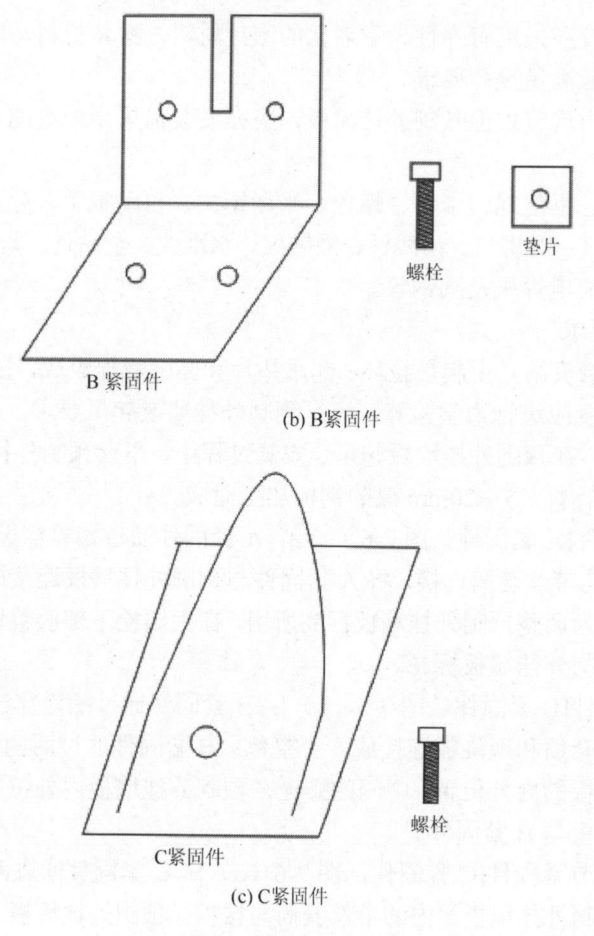

(b) B紧固件

(c) C紧固件

图 7-6　紧固件示意图

2. 作业条件

（1）预制构件施工现场道路作硬地化或铺设钢板处理，满足运输地基承载力要求。

（2）堆放场地：考虑施工道路的运输线路、转弯半径等因素，合理规划预制外挂墙板起吊区堆放场地位置，保证吊装施工现场车通、路通。

（3）根据预制外挂墙板吊装索引图，确定合理的构件吊装起点和吊装顺序。

（4）预制外挂墙板安装前，应确认预制外挂墙板安装工作面，以满足预制外挂墙板安装要求。

（5）预制外挂墙板吊装前，应按设计要求，根据楼层已放好的平面控制线和标高线，确定预制外挂墙板安装位置，并进行复核。

（6）预制外挂墙板进场后，检查型号、截面尺寸及外观质量，应符合设计要求，并作预制外挂墙板进场检查记录。

（7）根据预制外挂墙板吊装索引图，在预制外挂墙板上标明各个预制外挂墙板所属的吊装区域和吊装顺序编号，以便于吊装工人确认。

3. 施工工艺

（1）抹找平层：先按标高抹好砂浆找平层，使其达到一定的强度，预制外挂墙板就位前应浇素水泥浆，以使结合面严密，标高准确。如不抹找平层，则应采取先抹找平点的方法，待预制外挂墙板调整就位后，预制外挂墙板下面的缝隙及时捻塞干硬性水泥砂浆，而且要捻塞密实。

（2）预制外挂墙板就位：预制外挂墙板起吊前，检查吊环，用卡环销紧，吊运到安装位置时，先找好竖向位置，再缓缓下降就位。预制外挂墙板就位时，以外墙边线为准，做到外墙面顺直，墙身垂直，缝隙一致，企口缝不得错位，防止挤压平腔。标高必须准确，防止披水台高于挡水台。严禁在披水台、挡水台部位撬动预制外挂墙板，并在整个安装过程中注意保护预制外挂墙板的棱角和防水构造。安装时应由专人负责预制外挂墙板下口定位、对线，并用靠尺板找直。安装首层预制外挂墙板时，应特别注意质量，使之成为以上各层的基准。

（3）预制外挂墙板临时固定：预制外挂墙板就位后，用花篮螺栓或临时固定卡具将预制外挂墙板与大模板拉牢。大角处与山墙板相邻的两块预制外挂墙板应相互拉接固定，拉牢后方准脱钩。每层大角垂直度应用经纬仪检查一遍。

（4）插油毡条、聚苯乙烯条、塑料条：先将油毡条与聚苯乙烯条预先粘牢，一起插到防水空腔内，应嵌插到底，周边严密，不得鼓出或折裂，在浇筑混凝土前应检查嵌插是否完好。插塑料条时，上下端的做法应符合设计要求，塑料条宽度应适宜。

（5）插节点构造钢筋：预制外挂墙板侧面伸出的钢筋套环应与内横墙的钢筋套环重合，将竖向钢筋插入重合的钢筋套环内。每块预制外挂墙板与内墙交接处应至少插入 3 个套环，并绑扎牢固（应进行隐蔽工程验收）。

（6）键槽钢筋焊接浇筑混凝土：当现浇内墙采用平模施工时，预制外挂墙板就位后，键槽内的连接钢筋应随安装随焊接；如采用筒模施工时，在拆模后立即焊接。焊缝厚度和长度应按设计规定，当设计无规定时，焊缝厚度为 6mm、长度为 90mm。上下钢筋错位时，应理顺搭接再行焊接，上下钢筋搭接长度不够时，可加帮条钢筋或加厚度为 8mm 的钢板进行焊接。钢筋单面焊接长度不够时可双面焊接。经检查焊接质量合格，办理隐蔽工程验收手续后，方可浇筑混凝土。在吊装上一层预制外挂墙板前，应将键槽混凝土浇筑完成，键槽混凝土必须振捣密实。

（7）预制外挂墙板底部捻塞干硬性水泥砂浆：键槽钢筋焊接后，应将预制外挂墙板底部清理干净，浇水湿润，用油毡条堵严外侧，但防止堵塞空腔，然后捻塞干硬性砂浆，并应捻塞密实。

（8）拆除预制外挂墙板临时支撑：外墙大角处的预制外挂墙板，必须在墙柱混凝土强度达到 4 MPa 以上时，方可拆除临时固定设施。

4. 质量标准

1）一般规定

在预制外挂墙板安装检验验收中，预制构件质量符合下列规定时可评为合格。

（1）主控项目全部合格。

（2）一般项目的质量经验收合格，且没有出现影响结构安全、安装施工和使用要求的缺陷。

（3）一般项目中允许偏差项目的合格率≥80%，允许偏差不得超过最大限值的1.5倍，且没有影响结构安全、安装施工和使用要求的缺陷。

2）主控项目

（1）进入现场的预制外挂墙板，其外观质量、尺寸偏差及结构性能应符合设计及相关技术标准要求。检查数量：全数检查。检验方法：观察与量测，并做好检查施工记录。

（2）预制外挂墙板与结构之间的连接应符合设计要求。检查数量：全数检查。检验方法：观察，并做好检查施工记录。

（3）预制外挂墙板临时支撑应符合设计及相关技术要求，安装就位后，应采取保证构件稳定的临时固定措施。检查数量：全数检查。检验方法：观察，并做好检查施工记录。

（4）承受荷载的后浇混凝土接头和接缝，当其混凝土强度未达到设计要求时，不得吊装上一层预制外挂墙板；当设计无具体要求时，应在混凝土强度不小于10 N/mm^{2}或具有足够的支撑时方可吊装上一层结构构件。检查数量：全数检查。检验方法：检查施工记录及龄期强度试验报告。

3）一般项目

预制外挂墙板安装尺寸偏差应符合表7-1的规定。检查数量：全数检查。检查方法：观察，钢尺检查，并做好检查记录。

表7-1　预制外挂墙板安装尺寸允许偏差与检验方法

项目	允许偏差/mm	检验方法
轴线位置	3	钢尺检查
底模上表面标高	−3～0	水准仪或拉线、钢尺检查
每块预制外挂墙板垂直度	3	2m托线板检查（四角预埋件限位）
相邻两板表面高低差	2	2m靠尺和塞尺检查
外挂墙板外表面平整度（含装饰层）	2	2m靠尺和塞尺检查
空腔处两板对接对缝偏差	±2	钢尺检查
外挂墙板单边尺寸偏差	±2	钢尺量一端及中部，取其中较大值
连接件位置偏差	±2	钢尺检查
斜撑杆位置偏差	±8	钢尺检查

（1）进入现场的预制外挂墙板，其外观质量、尺寸偏差及结构性能应符合设计及相关技术标准要求。

（2）预制外挂墙板安装前应核查预制外挂墙板编号，并核查预制外挂墙板上的预埋螺丝套筒及连接钢筋是否齐全，位置是否正确，丝扣有无损伤，外观质量是否符合要求。

（3）严格控制测量放线的精度，轴线放线偏差不得超过 2mm，预制外挂墙板吊装前须对所有吊装控制线进行认真复检。

（4）吊装前对外墙分割线进行统筹分割，尽量将现浇结构的施工误差进行平差，防止预制外挂墙板吊装产生累积偏差。

（5）预制外挂墙板吊装应沿顺时针或逆时针顺序依次吊装，不得间隔吊装。

（6）工序检验到位，工序质量控制必须做到有可追溯性。

（7）吊装前准备工作充分到位，做好班前安全技术交底，明确吊装顺序。

（8）预制外挂墙板就位时对准定位线，宜一次就位，如就位偏差大于 3mm，应将构件重新吊起调整，构件就位后，用靠尺、水平尺、激光水平仪等检查预制外挂墙板和板立缝的垂直度，并检查相邻两块板接缝是否平整，墙板水平以墙板上口为准，如有偏差用 B 紧固件进行调整至允许范围内，校正预制外挂墙板立缝垂直度时，宜采用在墙板底部垫铁楔的方法。

（9）建筑物的大角，需用经纬仪由底线校正，以控制外墙的垂直度。吊装第一块墙板时，要严格控制轴线和垂直度，以保证后续安装的准确性。

（10）预制外挂墙板吊装过程中，如出现偏差时，可以在偏差允许范围内进行调整：①预制外挂墙板的轴线、垂直度和接缝平整三者发生矛盾时，以轴线为主进行调整；②预制外挂墙板不方正时，应以竖缝及垂直度进行调整，预制外挂墙板接缝不平时，应先满足墙面平整，预制外挂墙板立缝上下宽度不一致时，可均匀调整，相邻两板错缝，应均匀调整；③外墙与相邻板立缝的偏差，应以保证大角垂直度为准。

5. 成品保护

（1）现场预制外挂墙板堆放处，2m 内不应进行电焊、气焊作业。

（2）预制外挂墙板的饰面砖、石材、涂刷表面可采用贴膜或其他专业材料保护。

（3）预制外挂墙板暴露在空气中的预埋铁件应涂刷防锈漆，防止产生锈蚀。预埋螺栓应用海绵棒进行填塞，防止混凝土浇筑振捣时将其堵塞。

（4）预制外挂墙板安装完毕后，门窗框应用槽型木框保护。

（5）预制外挂墙板安装后，如因在安装过程中发生碰撞造成缺棱掉角的情况，应及时对预制外挂墙板进行修补。

7.4.2 预制叠合板吊装方案

预制叠合板是装配式建筑中最常用的预制构件，如图 7-7 所示。预制叠合板平面面积大、厚度小，而其重量较大，容易发生变形和破坏。因此，对其吊装比其他构件的要求更严格。

图 7-7　预制叠合板

1. 施工准备

1）技术准备

（1）叠合板安装施工前应编制专项施工方案，并经施工总承包企业技术负责人及总监理工程师批准。

（2）叠合板安装施工前应对施工人员进行技术交底，并由交底人和被交底人双方签字确认。

（3）叠合板安装施工前，应编制合理可行的施工计划，明确叠合板吊装的技术要点和时间节点。

2）材料要求

叠合板进场后，检查预制叠合板的规格、型号、外观质量等，均应符合设计要求和相关标准，叠合板应有出厂合格证。

3）施工机具

（1）施工机具：①吊装机具：钢丝绳、卡环、螺栓、平衡钢梁、自动扳手、起重设备等；②辅助机具：对讲机、吊线锤、经纬仪、激光扫平仪、索具、撬棍、可调钢支撑、工字钢、交流电焊机等。

（2）施工机具功能：①平衡钢梁：在叠合板起吊、安装过程中平衡叠合板受力，平衡钢梁由 I20 槽钢和 15～20mm 厚钢板加工而成；②卡环：连接叠合板施工机具和钢丝绳，便于悬挂钢丝绳。

2. 作业条件

（1）预制构件施工现场道路作硬地化或铺设钢板处理，以满足施工道路地基承载力要求。

（2）考虑施工道路的运输线路、转弯半径等因素，合理规划预制叠合板起吊区堆放场地位置，保证吊装施工现场车通路通。

（3）根据叠合板吊装索引图，确定合理的叠合板吊装起点和吊装顺序，对各个叠合板编号，便于吊装工人确认。

（4）叠合板安装前，应确认叠合板安装工作面，以满足叠合板安装要求。

（5）叠合板吊装前，应按设计要求，根据楼层已弹好的平面控制线和标高线，确定预制叠合板安装位置线及标高线，并复核。

（6）叠合板进场后，检查叠合梁规格、型号、外观质量等，应符合设计要求，并做叠合板进场检查记录。

3. 施工工艺

1）支撑体系搭设

叠合板支撑体系搭设可采用可调钢支撑搭设，并在可调钢支撑上铺设工字钢，根据叠合板的标高线，调节钢支撑顶端高度，以满足叠合板施工要求。钢支撑体系搭设时，钢支撑距离叠合板支座处应≤500mm，钢支撑沿叠合板长度方向间距应＜2000mm，对跨度＞4000mm 的叠合板，板中部钢支撑架起拱，起拱高度不大于板跨的 3‰。叠合板钢支撑体系见图 7-8，叠合板梁支撑体系见图 7-9。

图 7-8　叠合板钢支撑体系

图 7-9　叠合板梁支撑体系

2）叠合板吊具安装

塔吊挂钩挂住钢丝绳→钢丝绳通过卡环连接平衡钢梁→平衡钢梁通过卡环连接钢丝绳→钢丝绳通过卡环连接叠合板预埋吊环→吊环通过预埋与叠合板连接。

3）叠合板吊运及就位

（1）叠合板吊点采用预留拉环方式，在叠合板上预留四个拉环，叠合板起吊时采用平衡钢梁均衡起吊，连接吊钩的钢丝绳与叠合板水平面所成夹角不允许小于 45°。

（2）叠合板吊运宜采用慢起、快升、缓放的操作方式。叠合板起吊区配置一名信号工和两名司索工，叠合板起吊时，司索工将叠合板与存放架的安全固定装置拆除，塔吊司机在信号工的指挥下，塔吊缓缓持力，将叠合板调离存放架，当叠合板吊离存放架面正上方约 500mm，检查吊钩是否有歪扭或卡死现象及各吊点受力是否均匀，并进行调整。

（3）叠合板就位前，清理叠合板安装部位基层，在信号工指挥下，将叠合板吊运至安装部位的正上方，并核对叠合板的编号。

4）叠合板的安装及校正

（1）叠合板安装。预制剪力墙、柱作为叠合板的支座，塔吊在信号工的指挥下，将叠合板缓缓下落至设计安装部位，叠合板搁置长度应满足设计规范要求，叠合板预留钢筋锚入剪力墙、柱的长度应符合规范要求。

（2）叠合板校正。①叠合板标高校正：吊装工根据叠合板标高控制线，调节支撑体系顶托，对叠合板标高进行校正；②叠合板轴线位置校正：吊装工根据叠合板轴线位置控制线，利用楔形小木块嵌入叠合板对叠合板轴线位置进行调整。

5）叠合板节点连接

（1）叠合板与预制剪力墙连接。叠合板与预制剪力墙端部连接，预制剪力墙作为叠合板的端支座，叠合板搁置在预制剪力墙上，叠合板纵向受力钢筋在预制剪力墙端节点处采用锚入形式，搁置长度、锚固长均应符合设计规范要求。

（2）叠合板与预制剪力墙中间连接。

预制剪力墙作为叠合板的中支座，预制剪力墙两端的叠合板分别搁置在预制剪力墙上，搁置长度应符合设计规范要求，叠合板纵向受力底筋在中间节点宜贯通或采用对接连接，面筋采用贯通钢筋连接预制剪力墙两端的叠合板面层。

叠合板与叠合梁连接安装后，叠合梁的预制反沿作为叠合板的支座，叠合板搁置在叠合梁上，叠合板纵向受力钢筋锚入叠合梁内，搁置长度和锚固长度均应符合设计规范要求。

6）预埋管线埋设

在叠合板安装施工完毕后，绑扎叠合板面筋同时埋设预埋管线，预埋管线与叠合板面筋绑扎固定、预埋管线埋设应符合设计和规范要求。

7）叠合板面筋绑扎及验收

（1）叠合板面筋绑扎时，应根据在叠合板上方钢筋间距控制线绑扎。

（2）叠合板桁架钢筋作为叠合板面筋的马凳，确保面筋的保护层厚度。

（3）叠合板节点处理及面筋绑扎后，由工程项目监理人员对此进行验收。

8）叠合板间拼缝处理

（1）为保证叠合板拼缝处钢筋的保护层厚度和楼板厚度，在叠合板的拼缝处板上边缘设置了30mm×30mm的倒角。

（2）叠合板安装完成后，采用较原结构高一标号的无收缩混凝土浇筑叠合板间拼缝。

9）叠合板节点及面层混凝土浇筑

（1）混凝土浇筑前，应将拼缝内及叠合板面上垃圾清理干净，并剔除拼缝内及叠合板面上松动的石子、浮浆。

（2）叠合板表面清理干净后，应在混凝土浇筑前24h对节点缝隙内及叠合板面浇水湿润，浇筑前1h吸干积水。

（3）叠合板节点采用较原结构高一标号的无收缩混凝土浇筑，节点混凝土采用插入式振捣棒振捣，叠合板面层混凝土采用平板振动器振捣。

10）叠合板支撑体系拆除

叠合板浇筑的混凝土达到设计强度后，方可拆除叠合板支撑体系。

4. 质量标准

1）一般规定

在叠合板安装检验批的验收中，叠合板质量符合下列规定时，可评为合格。

（1）主控项目全部合格。

（2）一般项目的质量经验收合格，且没有出现影响结构安全、安装施工和使用要求的缺陷。

（3）一般项目中允许偏差项目的合格率≥80%，允许偏差不得超过最大限值的 1.5 倍，且没有影响结构安全、安装施工和使用要求的缺陷。

2）主控项目

进入现场的叠合板，其外观质量、尺寸偏差及结构性能应符合设计及相关技术标准要求。检查数量：全数检查。检验方法：检查构件合格证。

叠合板支座处的现浇混凝土强度未达到设计要求时，叠合板底部的支撑体系不得拆除。检查数量：全数检查。检验方法：检查混凝土浇筑记录及试块检测。

3）一般项目

叠合板安装尺寸偏差应符合表 7-2 的规定。

表 7-2　叠合板安装尺寸允许偏差与检验方法

项目	允许偏差/mm	检验方法
轴线位置	8	钢尺检查
支撑体系标高	0～5	水准仪或拉线、钢尺检查
相邻板表面高低差	3	2 m 托线板检查（四角预埋件限位）
叠合板外表面平整度 (含装饰层)	2	2m 靠尺和塞尺检查
叠合板单边尺寸偏差	±2	钢尺量一端及中部，取其中较大值

5. 质量保证措施

（1）进入现场的叠合板，检查其外观质量、尺寸偏差及结构性能，应符合标准及设计要求。叠合板的型号、位置、支点锚固必须符合设计要求，且无变形损坏现象。

（2）预制构件码放和运输时的支撑位置和方法符合标准或设计要求。

（3）当叠合板面层混凝土强度不小于 10 N/mm^2 或具有足够的支撑时方可吊装上一层结构构件。

（4）叠合板安装就位后，应采取保证构件稳定的临时固定措施，并应根据水准点和轴线校正位置。

（5）根据图纸的设计要求，严格控制预制叠合板支撑体系标高和现浇结构支撑体系标高，保证叠合板和现浇结构支撑体系的标高能够满足正常施工的需要。

6. 成品保护

（1）叠合板进场后堆放不得超过四层。

（2）叠合板吊装施工之前，应采用橡塑材料保护叠合走道板成品阳角。

（3）叠合板在起吊过程中应采用慢起、快升、缓放的操作方式，防止叠合板在吊装过程与建筑物碰撞造成缺棱掉角。

（4）叠合板在施工吊装时不得踩踏板上钢筋，避免其偏位。

7.4.3 预制楼梯吊装方案

预制楼梯是装配式建筑中重要构件，如图 7-10 所示。预制楼梯的形状较叠合板及叠合梁复杂得多，对其吊运和安装要求较其他构件更高一些。

图 7-10 预制楼梯

1. 施工准备

1）技术准备

（1）预制楼梯安装前应编制专项施工方案，并经施工总承包企业技术负责人及总监理工程师批准。

（2）预制楼梯安装施工前应对施工人员进行技术交底，并由交底人和被交底人双方签字确认。

（3）预制楼梯安装施工前，应编制合理可行的施工计划，明确预制楼梯吊装的时间节点。

2）材料要求

（1）预制楼梯：预制楼梯进场后，应检查其型号、几何尺寸及外观质量，并符合设计及规范要求，构件应有出厂合格证。

（2）原材料：钢筋的规格、形状应符合图纸要求，应有钢材出厂合格证；水泥宜采用强度等级为 42.5R、52.5R 的普通硅酸盐水泥；细石粒径 0.5～3.2cm；砂采用中砂。

3）施工机具

（1）施工机具：①吊装机具：钢丝绳、吊具、卡环、螺栓、手拉葫芦、平衡钢梁、自动扳手、起重设备等；②非吊装机具：对讲机、吊线锤、经纬仪、水准仪、全站仪、索具、撬棍等。

（2）施工机具功能：①吊具：预制楼梯吊具通过高强螺栓与预埋在预制楼梯内的带丝套筒连成整体，用于预制楼梯的吊装；②卡环：连接预制楼梯施工机具和钢丝绳，便于悬挂钢丝绳；③手拉葫芦：葫芦通过卡环连接预制楼梯吊具和平衡钢梁，并用于调节预制楼梯起吊的水平；④平衡钢梁：在预制楼梯起吊安装过程中平衡预制楼梯受力，平衡钢梁由 I20 槽钢和 15～20mm 厚钢板加工而成。

2. 作业条件

（1）预制构件施工现场道路作硬地化或铺设钢板处理，以满足施工道路地基承载力要求。

（2）考虑施工道路的运输线路、转弯半径等因素，合理规划预制楼梯起吊区堆放场地位置，保证吊装施工现场车通路通。

（3）根据预制楼梯吊装索引图，确定合理的构件吊装起点，并在预制楼梯上标明其吊装区域和吊装顺序编号。

（4）预制楼梯安装前，应确认预制楼梯安装工作面，以满足预制楼梯安装要求。

（5）预制楼梯吊装前，应根据楼层已弹好的平面控制线和标高线，确定预制楼梯安装位置及标高，并复核。

（6）预制楼梯进场后，检查预制楼梯型号、截面尺寸及外观质量，应符合设计要求，并做预制楼梯进场检查记录。

（7）安装预制楼梯应综合考虑塔吊主体结构施工间隙，一般 2～4 层楼梯构件集中吊装。

3. 施工工艺

定位钢筋预埋及吊具安装→预制楼梯吊运及就位→预制楼梯的安装及校正→预制楼梯与现浇梁节点处理→预留洞口及施工缝隙灌缝。

1）定位钢筋预埋及吊具安装

（1）定位钢筋预埋：根据预制楼梯的设计位置和预留孔洞位置，在结构楼板上标注定位钢筋预埋控制线，并预埋楼梯定位钢筋。

（2）吊具安装：①采用葫芦吊具安装流程：塔吊挂钩挂住钢丝绳→钢丝绳通过卡环连接平衡钢梁→平衡钢梁通过卡环连接其他钢丝绳和葫芦→其他钢丝绳和葫芦通过卡环连接预制楼梯吊具（图 7-11）→预制楼梯吊具通过螺栓连接预制楼梯；②未采用葫芦吊具安装流程：塔吊挂钩挂住钢丝绳→钢丝绳通过卡环连接平衡钢梁→平衡钢梁通过卡环连接其

他钢丝绳→钢丝绳通过卡环连接预制楼梯吊具→预制楼梯吊具通过螺栓连接预制楼梯。

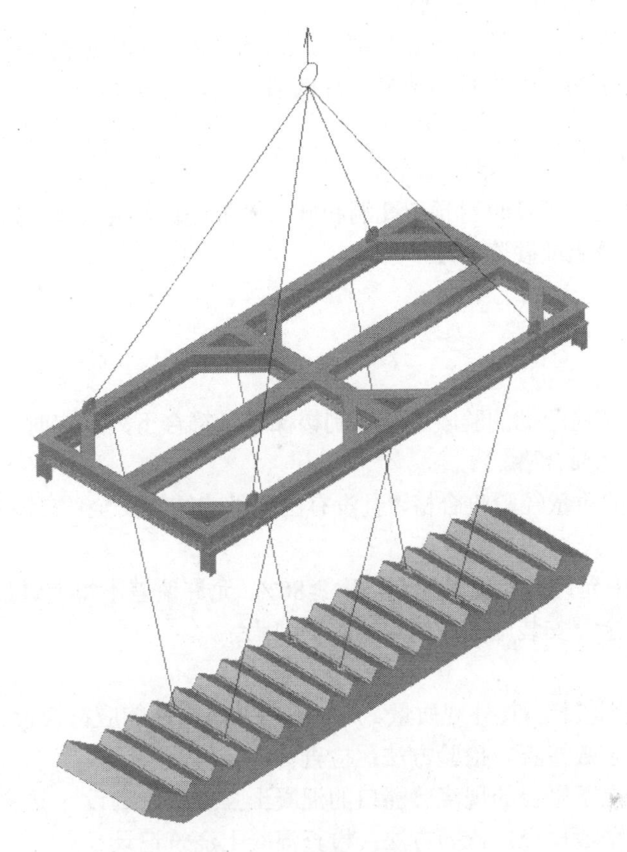

图 7-11　预制楼梯吊运

2）预制楼梯吊运及就位

（1）预制楼梯吊点预留方式可以分为预留接驳器和预埋带丝套筒两种，起吊钢丝绳与构件水平面所成夹角不宜小于 45°。

（2）预制楼梯吊运时宜采用慢起、快升、缓放的操作方式。预制楼梯起吊区配置一名信号工和两名司索工，预制楼梯起吊时，司索工将预制楼梯与存放架安全固定装置拆除，塔吊司机在信号工的指挥下，塔吊缓缓持力，将预制楼梯吊离存放架，当预制楼梯吊至离存放架正上方 200～300mm 处，通过调节葫芦将预制楼梯调整水平，然后吊运至安装施工层。

（3）预制楼梯就位。预制楼梯就位前，清理预制楼梯安装部位基层，在信号工指挥下，将预制楼梯吊运至安装部位的正上方，并核对预制楼梯的编号。

3）预制楼梯安装及校正

（1）预制楼梯安装。在预制楼梯安装层配置一名信号工和四名吊装工，塔吊司机在信号工的指挥下将预制楼梯缓缓下落，在吊装工协助下将预制楼梯的预留孔洞和上下平台梁上的预埋定位钢筋对正，对预制楼梯安装初步定位。

（2）预制楼梯校正。根据标注在楼层上的标高线和平面控制线，通过撬棍来调节预制楼梯的标高和平面位置，预制楼梯施工时应边安装边校正。

4）预制楼梯与现浇梁节点处理

根据工程设计图纸，标注楼梯安装部位的上下平台的现浇梁豁口的水平线和标高线，将上下平台的现浇梁豁口作为预制楼梯的高低端支座，在吊装施工时，将预制楼梯下落至现浇梁豁口上。

5）预留孔洞及施工缝隙灌缝

在预制楼梯安装后应及时对预留孔洞和施工缝隙进行灌缝处理，灌缝应采用比结构高一标号的微膨胀混凝土或砂浆。

4. 质量标准

1）一般规定

在预制楼梯安装检验批的验收中，预制楼梯质量符合下列规定时，可评为合格。

（1）主控项目全部合格。

（2）一般项目的质量经验收合格，且没有出现影响结构安全、安装施工和使用要求的缺陷。

（3）一般项目中允许偏差项目的合格率≥80%，允许偏差不得超过最大限值的 1.5 倍，且没有影响结构安全、安装施工和使用要求的缺陷。

2）主控项目

进入现场的预制楼梯，其外观质量、尺寸偏差及结构性能应符合设计及相关技术标准要求。检查数量：全数检查。检验方法：检查构件合格证。

承载预制楼梯上下平台的现浇梁豁口的混凝土强度未达到设计要求时，不得吊装预制楼梯。检查数量：全数检查。检验方法：检查混凝土浇筑记录。

预制楼梯安装尺寸偏差应符合表 7-3 的规定。检查数量：全数检查。检验方法：观察，钢尺检查。

表 7-3 预制楼梯安装尺寸允许偏差与检验方法

项目	允许偏差/mm	检验方法
轴线位置	8	钢尺尺寸
上下梁平台豁口标高	0～5	水准仪或拉线、钢尺检查
预制楼梯上下平台和相邻现浇板平面标高	3	2m 托线板检查（四角预埋件限拉）
预制楼梯外表面平整度（含装饰层）	2	2m 靠尺和塞尺检查
预制楼梯单边尺寸偏差	±2	钢尺量一端及中部，取其中较大值

5. 质量保证措施

（1）严格检控预制楼梯的原材质量资料，严查预制楼梯出厂合格证、水泥出厂合格证书、试验报告，以及砂、石试验报告和预检记录。

（2）进入现场的预制楼梯，检查其编号、外观质量、尺寸偏差、预埋带丝套筒及结构性能，应符合设计及相关技术标准要求。

（3）吊装前准备工作充分到位，吊装顺序合理，吊装工序检验到位，工序质量应做到可追溯性。

（4）严格检验施工测量的精度，保证预制楼梯拼装的严密性，避免因施工误差造成预制楼梯无法正常吊装。

6. 成品保护

（1）预制楼梯应采取正向吊装、运输和堆放。构件运输和堆放时，垫木应放在吊环附近，并高于吊环，上下对齐。

（2）堆放场地应平整夯实，下面铺垫板。预制楼梯每垛码放不宜超过6块。

（3）预制楼梯安装后，应及时将踏步面加以保护（用18mm厚的夹板进行保护），避免施工过程中将踏步棱角损坏。

7.5 厂内运输

7.5.1 厂内运输方式

预制构件脱模后，须运到质检、修补区或表面处理区进行质检、修补或表面处理，之后再运到堆放区。预制构件厂内运输方式是由工厂进行工艺设计确定。

车间起重机范围内的短距离运输，可用起重机直接运输。厂内运输道路应有足够宽的路面和坚实的路基；弯道的最小半径应满足运输车辆的拐弯半径要求。

厂内运输目的地在车间起重机范围外或运输距离较长，或车间起重机与室外起重机作用范围不对接，可用短途摆渡车运输。短途摆渡车可以是轨道拖车，也可以是拖挂汽车。

7.5.2 吊运作用要点

吊运作业是指构件在车间、场地间用起重机，小型构件用叉车进行短距离吊运。

1. 作业条件

（1）装车前保证吊运机具行车道路地面平整，并已硬地化处理，确保吊运机具的行车宽度和转弯半径。

（2）吊运机具应进行功能检查、调试；运输车辆应进行车况检查。

2. 作业要点

（1）吊运路线应事先设计，吊运路线应避开工人作业区域，在进行吊运路线设计时起重机驾驶员应当参与，确定后应当向驾驶员交底。

（2）吊索吊具与构件要拧固结实。

（3）吊运速度应当控制，避免构件大幅度摆动。

（4）吊运路线下禁止工人作业。

（5）吊运高度要高于设备和人员。

（6）吊运过程中要有指挥人员。

（7）起重机要打开警报器。

7.5.3　摆渡车运输

摆渡车运输有以下要求。

（1）各种构件摆渡车运输都要事先设计装车方案。

（2）按照设计要求的支撑位置加垫方或垫块；垫方和垫块的材质符合设计要求。

（3）构件在摆渡车上要有防止滑动、倾倒的临时固定措施。

（4）根据车辆载重量计算运输构件的数量。

（5）对构件棱角进行保护。

（6）墙板在靠放架上运输时，靠放架与摆渡车之间应当用封车带绑牢固。

7.6　质检、修补区

预制构件生产完成后，出厂之前对构件质量进行检查，发现质量或外观缺陷等问题，运送至质检、修补区。在质检、修补区进行相应的检测和修补，直至达到出厂标准。质检、修补区的设置应满足以下要求。

（1）预制构件厂应设置预制构件质检、修补区。

（2）质检、修补区应光线明亮，北方冬季应布置在车间内。

（3）水平放置的构件如楼板、柱子、梁、阳台板等应放在架子上进行质量检查和修补，以便看到底面。装饰一体化墙板应检查浇筑面后翻转 180°使装饰面朝上进行检查、修补。

（4）立式存放的墙板应在靠放架上检查。

（5）预制构件经检查修补或表面处理完成后才能码垛堆放或集中立式堆放。

（6）套筒、浆锚孔、莲藕梁钢筋孔宜模拟现场检查区，即按照图样下部构件伸出钢筋的实际情况，用钢板和钢筋焊接成检查模板，固定在地面，吊起构件套入，如果套入顺畅，表明没有问题；如果套不进去，进行分析处理，并检查整改固定套筒与孔内模的装置。

（7）质检、修补区设置在室外，宜搭设遮阳遮雨临时设施。

（8）质检、修补区的面积和架子数量根据质检量和修补比例、修补时间确定，应事先规划好。

检查修补架有以下要求。

（1）结实牢固且满足支撑构件的要求。

（2）架子隔垫位置应当按照设计要求布置。

（3）垫子上应铺设保护橡胶垫。

7.7　场 地 堆 放

在预制构件堆放场的总平面布置现场，需以警示牌标识出预制构件的堆放场地，划出场地范围，并加强管理。构件一般应避免二次搬运，特殊情况下，当构件需要临时存放时，存放区域应选择合理。

7.7.1　场地选择

（1）存放区域应该合理安排，其位置与施工区域、生活区域应该有效协调，尽量使构件在施工现场的运距达到最短，降低一切可能出现的危险因素。可借助运筹学中的最短路径思想，采用矩阵法来确定构件存放区或者仓库的位置。先在施工现场拟定若干个构件存放地，在明确运输道路的前提下，将场地中的施工区域、生活区域、加工区域等进行统筹规划，精确计算每个施工区的构件用量，求出存放位置与施工区之间的距离和该区构件用量的乘积，继而确定最佳构件存放区。

（2）构件重叠堆放时，构件之间的垫木或者其他垫块应该摆放在同一直线上，且其在堆放时，如遇刚性搁置点，应在中间塞入柔性垫片，以防止构件损坏。构件堆放层数不大于设计层数，如预制楼板等构件堆放层数应该不大于6层。

（3）在确定好存放区域后，一定要按照构件类型分类设置，让现场保持绝对平整和干燥，并且应该提前摆放好专用构件存放架，绝对禁止工人在此区间内逗留、休息。

（4）施工人员必须具备相应资质，接受培训，为临时摆放区内的构件设置支撑，且定时检查其牢固度、稳定性，直至运往吊装区。

7.7.2　堆放场地要求

（1）堆放场地应在龙门式起重机或汽车起重机可以覆盖的范围内。

（2）堆放场地位置应当方便运输构件的大型车辆装车和出入。

（3）堆放场地应平整、坚实，宜采用硬化地面或草皮砖地面。

（4）堆放场地应有良好的排水措施。

（5）存放构件时要留出通道，不宜密集存放。

（6）堆放场地应设置分区，根据工地安装顺序分类堆放构件。

7.7.3 支承

预制构件堆放支承有以下要求。

（1）必须根据设计图样要求，在预制构件支承位置，按其支承方式进行构件堆放。如果设计图样没有给出要求，应当请设计单位补联系单。原则上，垫方与垫块位置应尽量与脱模、吊装时的吊点位置一致。

（2）可以码垛几层堆放，按设计人员根据构件的承载力计算确定。一般不超过 6 层。

（3）多层码垛存放构件，每层构件间的垫块上下须对齐，并应采取防止堆垛倾覆的措施。

（4）存放构件的垫方与垫块要坚固。

（5）当采取多点支垫时，一定要避免边缘支垫低于中间支垫。过长的悬臂，容易导致较大负弯矩而产生裂缝。

（6）墙板构件竖直堆放，应制作防止倾倒的专用存放架。

7.7.4 垫方与垫块

预制构件常用的支垫为木方、木板和混凝土垫板。

（1）木方一般用于柱、梁构件，规格为 100mm×100mm～300mm×300mm，根据构件重量选用。

（2）木板一般用于叠合楼板，板厚为 20mm；板的宽度为 150～200mm。

（3）混凝土垫块用于楼板、墙板等板式构件，为 100mm 或 150mm 立方体。

（4）隔垫软垫，或橡胶或硅胶或塑料材质，用在垫方与垫块上面。为 100mm 或 150mm 见方。与装饰面层接触的软垫应使用白色，以防止污染。

7.7.5 其他要求

（1）梁柱一体三维构件存放应当设置防止倾倒的专用支架。

（2）楼梯可采用叠层存放。

（3）带飘窗的墙体应设有支架立式存放。

（4）阳台板、挑檐板、曲面板应采用单独平放的方式存放。

（5）预应力构件存放应根据构件起拱值的大小和存放时间采取相应措施。

（6）构件标识要写在容易看到的位置，如通道侧、位置低的构件表面，利于观察和识别。

（7）装饰化一体构件要采取防止污染的措施。

（8）伸出钢筋超出构件的长度或宽度时，在钢筋上做好标识，以免伤人。

7.8 预制构件运输装车

预制构件装车操作要满足相关的要求，需现场拼装的构件应尽量将构件成套装车或按安装顺序装车运至工程建设安装现场。构件起吊时应拆除与相邻构件的连接，并将相邻构件支撑牢固。对大型构件如外墙板，宜采用龙门式起重机或行车吊运。对于带阳台或飘窗造型构件，宜采用“C”形平衡吊梁。

预制构件装车应首先进行装车方案设计，做到避免超高、超宽、超重，做好配载平衡。采取防止构件移动或倾倒的固定措施，构件与车体或架子用封车带绑在一起。预制构件有可能移动的空间用聚苯乙烯板或其他柔性材料隔垫。保证车辆转急弯、急刹车、上坡、颠簸时构件不移动、不倾倒、不磕碰。支承垫方与垫块的位置与堆放一致。宜采用木方作为垫方，木方上宜放置橡胶垫，橡胶垫的作用是在运输过程中防滑。有运输架子时，保证架子的强度、刚度和稳定性，与车体固定牢固。构件与构件之间要留出间隙，构件之间、构件与车体之间、构件与架子之间要有隔垫，防止在运输过程中构件摩擦及磕碰。预制构件在运输车上要有保护措施，特别是棱角有保护垫。固定构件或封车绳索接触的构件表面要有柔性并且不容易造成污染的隔垫。装饰一体化和保温一体化构件要有防止污染措施。在不超载和确保构件安全的情况下，应尽可能提高装车量。梁、柱、楼板装车应平放。楼板、楼梯装车可叠层放置。剪力墙构件运输宜用运输货架。对超高、超宽构件应办理准运手续，运输时应在车厢上放置明显的警示标志。

7.8.1 预制墙板运输方案

预制墙板运输过程如图 7-12 所示。大致可以分为四个步骤：①脱模起吊；②工厂存放翻转；③运输装车（图 7-13）；④工地卸车起吊安装。

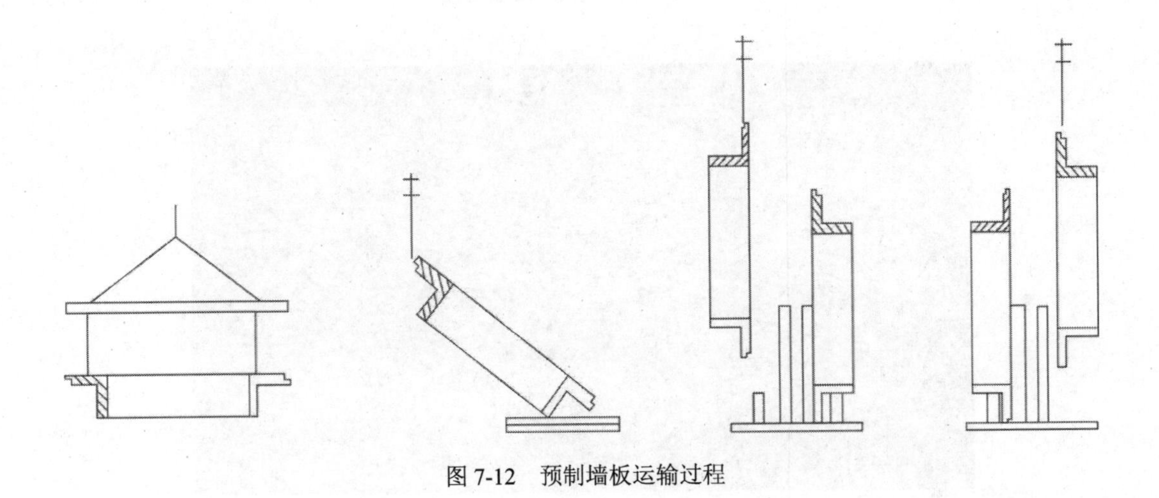

图 7-12 预制墙板运输过程

图 7-13　预制墙板运输装车准备

7.8.2　预制楼梯垂直运输方案

预制楼梯的运输过程如图 7-14 所示，运输方案可以分为四个步骤：①脱模起吊；②工厂存放翻转；③堆运及运输装车（图 7-15）；④工地起吊安装。

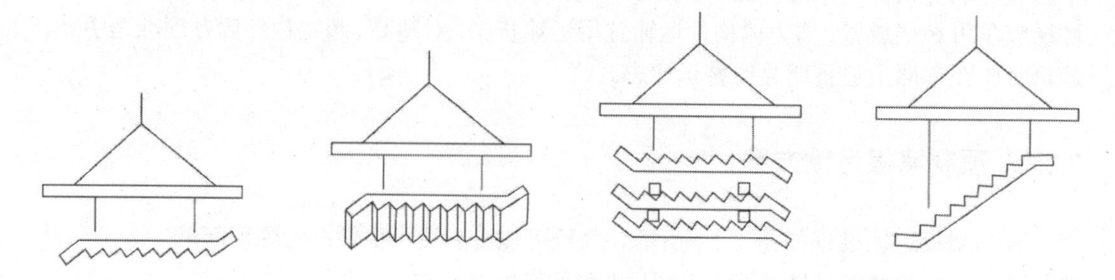

图 7-14　预制楼梯运输过程

图 7-15　预制楼梯运输装车准备

7.9 预制构件运输

装配式预制构件种类繁多、形状复杂、体型庞大，在预制构件的运输、吊装、吊装后的灌浆料施工、成品保护等一系列工作中，要进行运输方案的精心设计，包括运输线路规划、吊装场地条件和运输时段等。对沿线道路的等级、平整度、宽度、转弯半径、限高、限载情况和吊装场地的空间范围、地面承载力进行详细勘测，及时与交通管理部门进行沟通，确定运输时段，以保证施工的顺利进行。装配式建筑预制构件的运输与吊装工艺流程如图 7-16 所示。

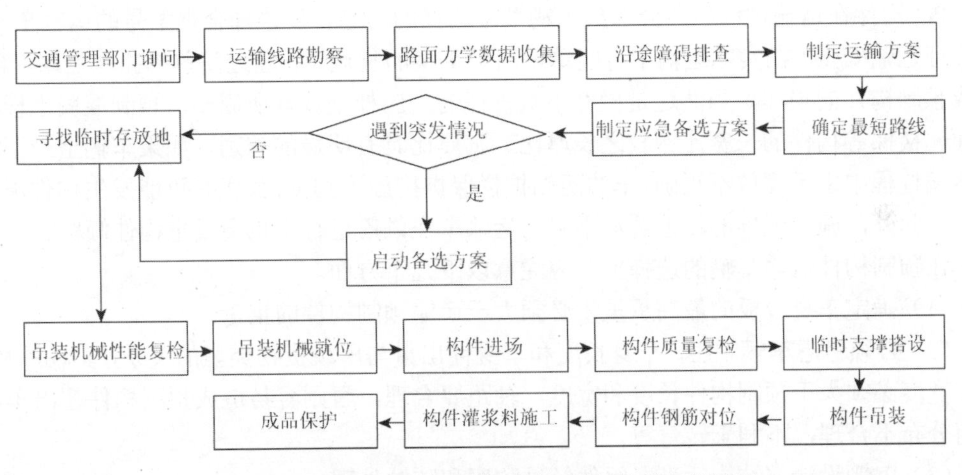

图 7-16 装配式建筑预制构件的运输与吊装工艺流程

预制构件的运输由构件厂自行组织或委托物流公司。预制构件出厂前完成相关的质量验收，验收合格的预制构件才可运输。运输前应确定构件出厂时的混凝土强度。在起吊、移动过程中混凝土强度通常不低于 15MPa；对于设计无明确要求的柱、梁、板类构件强度应不低于设计强度的 75%才能运输。

在预制构件运输前，构件厂应与施工单位负责人沟通，制定构件运输方案，包括配送构件的结构特点及重量、构件装卸索引图、选定装卸机械及运输车辆、确定搁置方法。构件运输方案得到双方签字确认后才能运输。

7.9.1 运输路线选择

一般来说，预制构件生产厂与工程建设项目的所在地会有一定距离，需要通过运输车将构件运送至工程建设场地。从以往工程案例来看，此阶段往往被忽视或者凭借经验草率制定方案，对于一些突发事件缺乏应变能力，如交通堵塞，某一地段车辆限行、限高、限重等。此外，由于路况勘察不到位，路面崎岖不平，不仅使运输时间大大增加，而且会使构件在运输途中磨损增大，影响构件质量，进而影响施工安全和工程质量，故应在预制构件正式运送之前，事先对路线进行勘察。

在路线选择方面应该满足以下原则：安全、及时、方便、经济。对预先选定路线的路况、条件限制等情况仔细了解，从而对运输路线进行最后的调整，确定最合理的线路。

施工现场临施工之前，充分考虑构件运送车辆的长度和重量，有些路段可能需要加宽、地面硬化，甚至修建临时道路，在路面加宽或临时道路修建中，应采用工程渣土或碎石土进行道路铺设，并进行压实处理，必要时还要对临时道路路面配置钢筋，浇筑混凝土。通过这一系列措施，确保构件能够顺利地被运输到施工现场。

7.9.2　运输要求

PC 构件在运输过程中还会遇到车辆型号选择的问题，要选择合理型号的运输车辆，以保证运输安全。在实际运输中有些单位用中小型的货运车，经过简单绑扎就上路，容易造成预制构件的损坏，当然这是极度不负责任的，应杜绝。众所周知，预制混凝土楼板、墙面、楼梯等构件的长宽比例较之长厚比、宽厚比具有明显的差别，如果车辆型号不对，在运输过程中由于摆放不正确，车的两侧护栏保护措施不到位，就极有可能发生构件滑落、损坏。此外，施工现场的场地坑洼不平，运输车在颠簸运行中也会发生构件倾覆。

在预制构件运输车辆的选择上，应注意以下几个方面。

（1）确定车身台板的最高承重量必须大于运输预制构件的重量。

（2）必须考虑车辆轴距、车身长度和车身伸出量与所载货物类型的关系，车辆厢体长度和宽度必须大于预制构件长度和宽度，轴距要合理，否则容易造成预制构件超出车厢，载荷分布不合理，不利于转弯等。

（3）车辆设计、结构适当，组件经过防腐和防蚀处理。

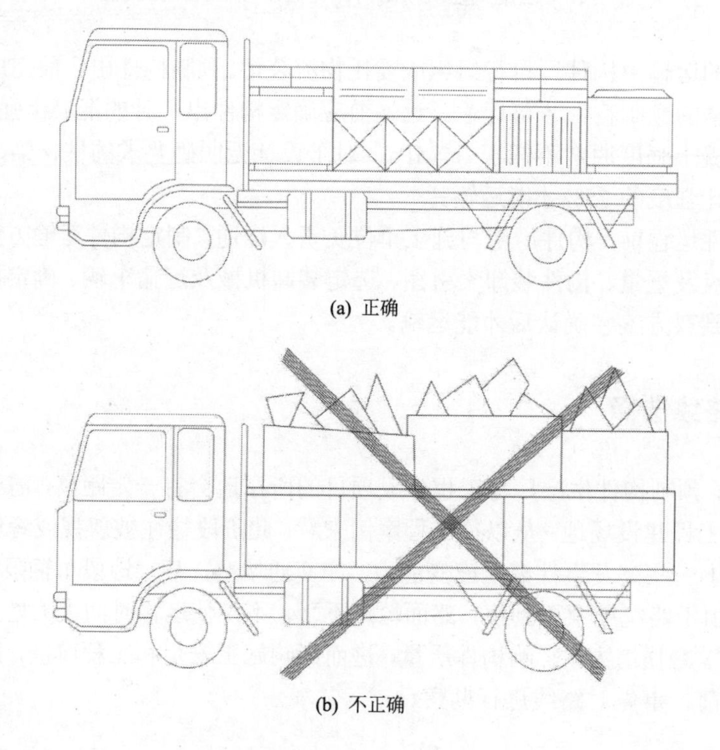

(a) 正确

(b) 不正确

由图7-17可以看出，图7-17（a）车辆箱体长度、高度与预制构件尺寸合理；图7-17（b）不但货物高出车身两旁，而且用夹板加高车身，这是错误的做法；图7-17（c）货物太长，而且斜出车箱外，构件不平稳，容易发生构件滑落。此外，货物重量分布不均匀。

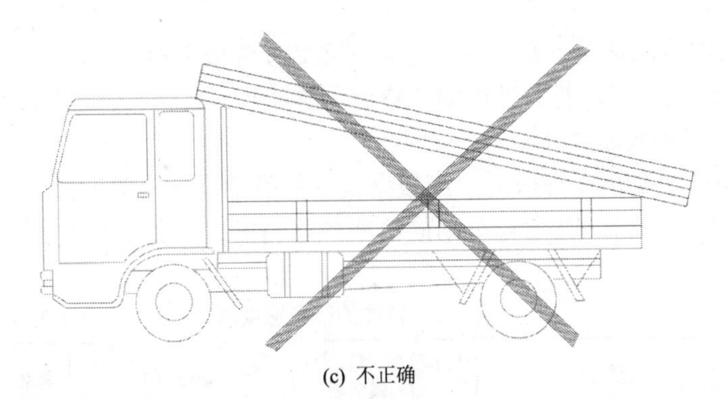

(c) 不正确

图7-17 预制构件摆放方式

预制构件运输准备需要做到如下几点。

（1）在构件运输之前，应该对加工厂到施工现场的路线进行精确的勘察，对沿途可能经过的桥梁、隧道、桥洞、山脉做详细的记录。对桥梁、隧道、桥洞、山脉等基础设施的最大承载力和其他力学数据进行总结，归纳其允许的通行高度、宽度、重度、坡度等，并对沿途是否有障碍物等做详细记载。

（2）运输线路需事先与货车驾驶员共同勘察，有没有过街桥梁、隧道、电线等对高度的限制，有没有大车无法转弯的急弯或限制重量的桥梁等。坚决杜绝根据经验或者询问得来的数据制定运输方案，有必要去当地交通管理部门深入了解路况，对可能穿过的铁路、有轨电车道路等要格外注意，以免造成车祸等伤亡事件。

（3）制定预制构件的运输方案，运输时间、路线、次序，针对超高、超宽、超长的大型构件要有专门的质量安全保障措施。超宽、超高、超长的构件，需公路运输时，应事前到有关单位办理准运手续，并应错过车辆流动高峰期。

（4）运输路线应该达到最短距离，有必要仔细查看该地区道路规划图纸，确定最优运输路线。为防止突发情况，最好在此基础上再规划一条备选线路。

（5）选择的运输车辆满足构件的重量和尺寸要求。宜采用低平板车。目前已经有运输墙板的专用车辆。

（6）对驾驶员进行运输要求交底，不得急刹车、急提速，转弯要缓慢等。第一车应当派出车辆在运输车后面随行，观察构件稳定情况。运输途中应严格遵守相关交通法规，服从交通管理人员的指挥。

（7）预制构件的运输方案根据施工安装顺序来制定。

（8）若有施工现场在车辆禁行区域应选择夜间运输，要保证夜间行车安全。

道路运输基本要求如下。

（1）场内运输道路必须平整坚实，经常维修，并有足够的路面宽度和转弯半径。载重汽车的单行道宽度不得小于3.5m，拖车的单行道宽度不得小于4m，双行道宽度不得小于

6m；采用单行道时，要有适当的会车点。载重汽车的转弯半径不得小于 10m，半拖式拖车的转弯半径不宜小于 15m，全拖式拖车的转弯半径不宜小于 20m。

（2）构件在运输时要固定牢靠，以防在运输途中倾倒，或在道路转弯时由于车速过高被甩出。

（3）根据路面情况掌握行车速度。道路拐弯必须降低车速。

（4）采用公路运输时，若通过桥涵或隧道，则对于二级以上公路，装载高度不应超过 5m，三、四级公路不应超过 4.5m。

（5）装有构件的车辆在行驶时，应根据构件的类别、行车路况控制车辆的行车速度（表 7-4），保持车身平稳，注意行车动向，严禁急刹车，避免事故发生。

表 7-4 构件的行车速度表（单位：km/h）

构件类型	运输车辆	人车稀少、道路平坦、视线清晰	道路较平坦	道路高低不平、坑坑洼洼
一般构件	汽车	50	35	15
长重构件	汽车	40	30	15
	平板（拖）车	35	25	10

（6）构件宜集中运输，避免边吊边运。

（7）评估装车后车辆安全运行状况，通知司机试运行一小段距离确保安全后，签署货物放行凭证及随车产品控制资料及产品合格证，确保将预制构件顺利送抵工程施工现场。

预制构件运输工作人员需要注意以下事项：工作时应佩戴安全帽、防护鞋、高空作业人员佩戴安全带；指挥人员使用旗帜、哨子等进行指挥，站在显眼位置指挥；起重区要避开电缆，特别是高压电线，并做好保护措施，将危险区进行设置标志；起重工具要经过检查，做好保养和加油的工作，出现故障应及时进行修理；建筑物外围要设置安全网或防护栏杆，操作人应避开物件吊运路线和物件悬空时的垂直下方，运行的过程中不可以用手抓住运行中的绳索。

如预制构件运输时出现问题，应立刻分析解决。做好构件运输过程跟踪工作，给运输车辆配备全球定位系统（global positioning system，GPS）定位装置，制定每条线路的信息反馈点，司机到达反馈点时通知运输文员，运输文员确认后，系统更新车辆在途信息，如发现异常，马上联系司机。

7.10 场地卸货堆放

构件运到施工现场之后，需要对构件进行合理的存放。如果选择的构件存放位置坑洼不平，带有积水，加之该位置没有足够的承载能力，那么除了因积水侵蚀造成构件强度降低外，还会发生构件倾覆。此外，预制构件存放时，由于构件之间的垫块摆放不规律，受到垂直荷载的影响，易对构件造成损坏。构件在码放时，如预制楼板，如果码放层数过高，则易对底层楼板产生挤压，还会对堆垛稳定性造成影响，对周边现场及施工人员造成安全隐患。施工人员安全意识薄弱，操作不当，若在构件不稳定状态下直立堆放，未加任何侧向临时支撑，极有可能造成构件倒塌。

预制构件运输到项目场地后，严格按照卸货堆放管理要求进行卸货。预制构件相应资料转交现场管理人员，并经监理单位验收合格后方可安排构件卸货工作。

1. 预制构件交付指引

（1）运输管理员按流程安排运输工作。

（2）货品交付运输前一切搬运、储存、包装及保护工作由所属的生产线员工负责。

（3）交付单据由几种颜色底单构成。例如，白色、红色、黄色、蓝色和绿色，一般白色底单交于客户，运输公司需签收黄色底单，红色底单交回预制构件厂运输部，其余底单及报告交给工程部。

（4）搬运时，起吊产品不可用钢索，搬运产品要避免碰撞，下大雨时须用帆布盖好产品；各类交付产品须加上标贴。

（5）用合适的包装方式进行预制构件包装，然后进行运输。

2. 作业条件

（1）堆放场地应平整坚实，道路路基四周松散土体应分层夯实，堆放应满足地基承载力要求，须核实地基承载能力。

（2）混凝土构件存放区域应在起重机械工作范围内。

3. 构件场内卸货堆放基本要求

（1）堆放构件的地面必须平整坚实，进出道路应畅通，排水良好，以防构件因地面不均匀下沉而倾倒。

（2）构件应按型号、吊装顺序依次堆放，先吊装的构件应堆放在外侧或上层，并将有编号或有标志的一面朝向通道一侧。堆放位置应尽可能在安装起重机械回转半径范围内，并要考虑到吊装方向，避免吊装时转向和再次搬运。

（3）构件的堆放高度，应考虑堆放处地面的承压力和构件的总重量以及构件自身的刚度及稳定性的要求。一般柱子不应超过两层，梁不超过三层、楼板不超过六层。

（4）构件堆放要保持平稳，底部应放置垫木。成堆堆放的构件应以垫木隔开，垫木厚度应高于吊环高度，构件之间的垫木要在同一条垂直线上，且厚度要相等。

（5）堆放构件的垫木，应能承受上部构件的重量。

（6）构件堆放应有一定的挂钩绑扎间距，堆放时相邻构件之间的间距不小于200mm。

（7）对侧向刚度差、重心较高、支承面较窄的构件，需立放就位，除两端垫垫木外，还应搭设支架或用支撑件将其临时固定，支撑件本身应坚固，确保支撑后其构件不左右摆动和松动。

（8）数量较多的小型构件堆放应符合下列要求：①堆放场地须平整，进出道路应畅通，且有排水沟槽；②不同规格、不同类别的构件分别堆放，以易找、易取、易运为宜；③如采用人工搬运，堆放时应留有搬运通道。

（9）对于特殊和不规则形状构件的堆放，应制定堆放方案并严格执行。

（10）采用靠放架立放的构件，必须对称靠放和吊运，其倾斜角度应保持大于 80°，构件上部宜用木块隔开。靠放架宜用金属材料制作，使用前要认真检查和验收，靠放架的高度应为构件的三分之二以上。

7.11 吊运、堆放、运输质量与安全要点

1. 质量要点

（1）正确的吊装位置。
（2）正确的吊架吊具。
（3）正确的支承点位置。
（4）垫方与垫块符合要求。
（5）防止磕碰和污染。

2. 安全要点

（1）确保堆放、装车、运输的稳定，不倾倒、不滑动、支点位置不落空或松动。
（2）吊运、装车作业的安全。
（3）靠放架要牢固。
（4）堆放支点安全牢固。

思 考 题

1. 预制构件生产厂内部有哪些吊具形式？
2. 简述吊钩翻转作业要点。
3. 预制构件吊装阶段有哪些问题？
4. 预制构件在进行运输的路线如何选择，有哪些方面必须要考虑？

8　PC 构件质量检验

8.1　概　　述

本章主要介绍 PC 构件质量检验，主要包括 PC 构件工厂检验程序、验收文件与记录以及 PC 构件工厂实验室配置。PC 构件工厂质量检验程序包括材料检验、构件制作过程检验和构件检验。验收文件与记录主要包括验收时所用到的文件和所有记录项目。PC 构件工厂实验室配置主要包括试验能力、实验室人员配备、实验室设备配置。

装配式建筑 PC 构件检验的主要依据包括：国家标准《混凝土结构工程施工质量验收规范》(GB 50204—2015)、《混凝土结构工程施工规范》(GB 50666—2011)；行业标准《装配式混凝土结构技术规程》（JGJ 1—2014)、《钢筋套筒灌浆连接应用技术规程》（JGJ 355—2015)、《整体预应力装配式板柱结构技术规程》(CECS 52：2010)；同时结合 PC 构件厂所在地的地方标准规范进行验收。例如，上海《装配整体式混凝土结构施工及质量验收规范》（DGJ08—2117—2012），北京《PC 混凝土构件质量检验标准》（DB11/T 968—2013)，辽宁《装配整体式混凝土结构技术规程（暂行）》(DB21/T 1868—2010)，福建《福建省 PC 装配式混凝土结构技术规程》(DBJ 13—216—2015)，安徽《叠合板混凝土剪力墙结构技术规程》(DB34/T 810—2008）等。

装配式结构与现浇混凝土结构的本质区别是前者的混凝土是以工业成品的形式进入施工现场，后者则是以半成品的形式在现场浇筑的，两者的区别引起了建筑工程从设计到施工至验收的一系列变化。装配式结构的特点决定了其质量控制重点在于 PC 构件的生产、成品性能和安装、连接以及整体结构的安全可靠性等方面。

PC 构件检验的一般规定如下。

（1）PC 构件制作单位应具备 PC 构件生产的资质证书，其资质证书应在有效期内。

（2）PC 构件制作单位应具备相应的生产工艺设施，并有完善的质量管理体系和必要的试验检测手段。

（3）PC 构件制作前，应同设计单位对其技术要求和质量标准进行技术交底，并制定生产方案；生产方案应包括生产工艺、模具方案，生产计划、技术质量控制措施、成品保护、堆放及运输方案等内容。

（4）PC 构件用混凝土的工作性能应根据产品类别和生产工艺要求确定，PC 构件用混凝土原材料及配合比设计应符合现行国家标准《混凝土结构工程施工规范》（GB 50666—2011)、《普通混凝土配合比设计规程》(JGJ 55—2011）和《高强混凝土应用技术规程》(JGJ/T 281—2012）等的规定。

（5）PC 构件采用钢筋套筒灌浆连接时，应在构件生产前进行钢筋套筒灌浆连接接头的抗拉强度试验，每种规格的连接接头试件数量不应少于 3 个。

（6）PC 构件用钢筋的加工、连接与安装应符合现行国家标准《混凝土结构工程施工规范》（GB 50666—2011）和《混凝土结构工程施工质量验收规范》（GB 50204—2015）等的有关规定。

8.2　PC 构件生产常见问题

PC 构件是装配式混凝土建筑的主要组成部分，其外观质量是 PC 构件质量的直接体现，然而 PC 构件在制作及养护的过程中也常会出现一些常见的质量问题，如露筋、蜂窝、麻面、色差、孔洞、粗糙面、崩角等。除此之外，还有产品修补、产品未凿毛以及在工地现场造成的构件表面碰损等质量问题。因此，在构件出厂前必须进行构件的质量检验，保证出厂 PC 构件的产品质量及其安全性。

8.2.1　露筋

露筋一般指内部钢筋裸露于外表面，分为设计接口预留露筋和非正常露筋两种。这里露筋是指非正常露筋，如图 8-1 所示。

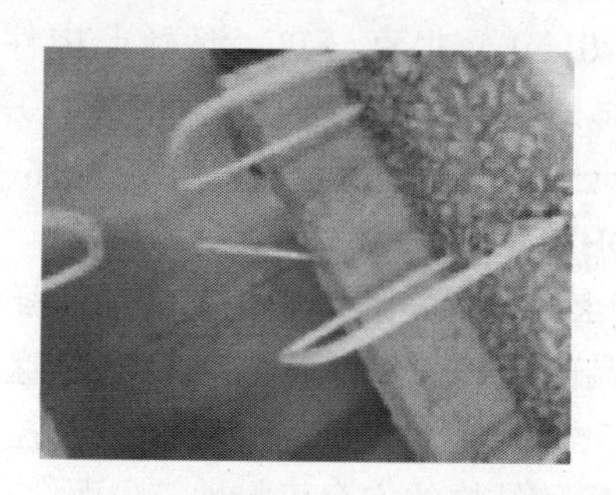

图 8-1　PC 构件端点出现露筋现象

1. 成因分析

露筋是拆模后钢筋暴露在混凝土外表面的现象。主要原因包括：在进行混凝土振捣时，钢筋保护层垫块移位或垫块太少，使钢筋与模板间距太近，拆除模板后钢筋外露；混凝土配合比不当，产生离析，靠近模板部位缺浆或漏浆；钢筋保护层厚度太小，保护层处混凝土振捣不严，振捣棒撞击钢筋或踩踏钢筋，使钢筋移位造成露筋；带有聚苯乙烯板的钢筋笼未固定好，在振捣混凝土时，聚苯乙烯板密度小，钢筋笼上浮导致露筋。

2. 预防措施

在 PC 构件浇筑混凝土时，应保证钢筋位置和保护层厚度正确，并加强检查，当钢筋密集时，应选用适当粒径的石子，保证混凝土配合比准确及良好的和易性，混凝土振捣时严禁撞击钢筋，操作时避免踩踏钢筋，如有踩弯或脱扣等现象应及时调整和修复；混凝土要振捣密实，正确掌握拆模时间，防止过早拆模碰坏棱角；对带有聚苯乙烯板的钢筋笼，应控制聚苯乙烯板位置，防止上浮。

8.2.2 蜂窝

蜂窝指混凝土表面无水泥浆，结构局部出现酥松、砂浆少、石子多、气泡或石子间形成类似蜂窝状的空隙，如图8-2所示。

图8-2 PC构件存在蜂窝状空隙

1. 成因分析

蜂窝往往出现在钢筋最密集处或混凝土难以捣实部位，在漏浆部位也易出现。原因包括：混凝土配合比不当或砂、石、水泥、水计量不准，造成砂浆少、石子多；混凝土中砂率太小，导致不能填补粗骨料之间的缝隙；模具缝隙未堵严，造成浇筑振捣时漏浆；混凝土振捣时间短，混凝土不密实；在模板内侧的直角位置，混凝土难以振捣密实。

2. 处理方法

蜂窝较小时，将蜂窝周边部分清除干净，用水清洗干净后，用1∶2或1∶2.5的水泥砂浆抹平压实；蜂窝较大时，凿去蜂窝处薄弱松散颗粒，刷洗净后支模，用高一级微膨胀细石混凝土仔细填塞捣实，在棱角部位用靠尺取直，确保构件外观平整饱和。

3. 预防措施

严格控制混凝土配合比，做到计量精确，混凝土拌合均匀，和易性良好；控制混凝土搅拌时间，最短不得少于相关规范规定时间；对于凸窗阳台构件，混凝土浇筑可采用分层下料，分层振捣，直到气泡排出为止；混凝土浇筑过程中应随时检查模具有无漏浆、变形，并及时采取补救措施。

8.2.3　麻面

麻面是混凝土局部表面出现缺浆和许多小凹坑、麻点，形成粗糙面，但无钢筋外露现象，如图 8-3 所示。

图 8-3　PC 构件表面唇线麻面现象

1. 成因分析

麻面一般由下列原因造成：模板表面粗糙或黏附水泥浆渣等杂物未清理干净，拆模时混凝土表面被黏坏；模板拼缝不严，出现局部漏浆；模板表面脱模剂局部漏刷或失效，模板表面不平整、不光滑，脱模剂涂刷不均匀，或是脱模剂质量不能满足实际要求，混凝土表面与模板黏结造成麻面；混凝土浇筑连续性差；混凝土振捣不到位，气泡未排出、停在模板表面形成麻点。

2. 处理方法

表面作粉刷的可不处理，表面无粉刷的可选用稀草酸溶液将颜色深的位置涂抹一遍，亦可作为修补前的湿润表面工作，应在麻面部位充分湿润后选用配比为1∶2或1∶2.5的水泥砂浆，其中砂为细砂，直径一般小于1mm，采用刮腻子的方法将麻面抹平压光。

3. 预防措施

模板表面清理干净，不得黏附干硬水泥砂浆等杂物；浇筑混凝土前，模板应浇水充分湿润，模板缝隙应用油毡纸、腻子等堵严；应选用长效脱模剂均匀涂刷，不得漏刷；混凝土应分层均匀振捣，振捣方法应“快插慢拔”，至排出气泡为止。

8.2.4 色差

色差指混凝土在施工及养护过程中存在不足，造成构件表面色差过大，影响构件外观质量。混凝土的表面质量直接影响构件整体外观质量，因此混凝土表面应平整、色泽均匀、无破损和污染。

1. 成因分析

模板涂油过多过厚，使油污渗进混凝土表面难以清除；模板有污垢、粉尘及金属腐蚀等，这些物质依附在混凝土构件表面形成污点；混凝土施工中使用工具不当，如振动棒接触模板振捣，造成混凝土构件表面形成振动棒印而影响构件外观效果；模板表面不光洁，未清理干净模板漏浆；在混凝土浇筑过程中模板不贴密的部分出现漏浆、漏水，由于水泥浆的流失和随着混凝土养护水分的蒸发，在不贴密部位形成麻面、翻砂；脱模剂涂刷不均匀。

2. 处理方法

对于色差面积较小的位置直接打砂纸进行处理，对于大面积色差可涂刷美容涂料，或将水泥与找平腻子按3∶7的比例混合，加水湿润，涂抹在加水冲洗后的构件上，待构件干燥后微打砂处理。

3. 预防措施

对表面光洁度不足的模板进行抛光打磨；脱模剂采用液压油，由于油质较黏，擦除时必须用棉布酌油拧干，然后擦涂，以保证模板油层厚度均匀；模板安装到位，确保模板间不留缝隙；模板安装完成后，用气枪清除模板上的异物；尽量缩短模板支立后的停放时间，严格控制拆模时间；低温时需进行蒸汽养护，高温时洒水养护。

8.2.5 孔洞

孔洞是指混凝土结构内部有尺寸较大的空隙，局部缺失混凝土或蜂窝特别大，钢筋局部或全部裸露，如图8-4所示。

图 8-4　PC 构件出现孔洞现象

1. 成因分析

孔洞出现原因包括：在钢筋较密部位预留孔洞，混凝土下料被卡住，未振捣就继续浇筑上层混凝土；混凝土离析，砂浆分离，石子成堆，严重跑浆，又未进行振捣；混凝土一次下料过多、过厚、过高，振捣器振捣不到位，形成松散孔洞；混凝土内掉入杂物，被卡住；对于构件中间设有聚苯乙烯板的位置，混凝土振捣过程中聚苯乙烯板密度较小，使其上浮，致使构件外墙面形成孔洞。

2. 处理方法

将孔洞位置凿开，清理内部残渣，用高一强度等级混凝土浇筑、捣实，表面抹砂浆或浇筑混凝土封闭后进行水泥压浆处理。

3. 预防措施

在钢筋密集处及复杂部位采用细石混凝土浇筑，认真振捣密实，遵循垂直插入，快插慢拔，分层振捣的方法；预留孔洞应两侧同时下料，侧面加开浇筑门，严防漏振；砂石中混有黏土块、模具工具等杂物掉入混凝土内应及时清除。

8.2.6　粗糙面

PC 构件的粗糙面分为两种，一种是接口预留粗糙面，这类粗糙面是人为制作的，比较规则，石子外露密集度一致，符合设计要求；另一种是由于混凝土浇筑不当产生的粗糙面，这里介绍的是后一种粗糙面现象，在施工现场应对粗糙面采用高一强度等级混凝土进行二次浇筑，因为在 PC 构件制作不当形成粗糙面的位置，易出现洗水效果差、外露石子少、粗糙面深度不足等现象。

1. 成因分析

洗水面出现无石子外露或石子外露过少现象的主要原因有：所选用粗骨料尺寸不合格，模具上粗糙面的位置未涂刷缓凝剂，未及时水洗导致粗糙面位置混凝土凝结，砂浆冲不掉等。

2. 处理方法

洗水面外露石子未露出体积的1/3及以上，采用人工凿楔方法进行打毛处理，即人工凿楔无石子处，凿出规格统一的凹凸面。

3. 预防措施

模具上粗糙面位置需均匀涂刷缓凝剂；粗糙面位置浇筑混凝土时尽量采用较多粗骨料；根据天气情况合理控制拆模时间与构件冲洗时间；高压水枪冲洗粗糙面时，冲洗2～3遍，确保露出石子的1/3～1/2。

8.2.7 崩角

崩角指结构或构件边角处混凝土局部掉落，不规则，棱角有缺陷，如图8-5所示。

图8-5 PC构件崩角脱落

1. 成因分析

崩角的原因包括：脱模过早，造成混凝土边角随模具拆除破损；拆模操作过猛，边角受外力或重物撞击，导致棱角被碰掉；模具边角灰浆等杂物未清理干净，未涂刷隔离剂或涂刷不均匀；构件成品在脱模起吊、存放、运输等过程受外力或重物撞击棱角。

2. 处理方法

对于崩角位置较小的构件，将崩角位置清理干净，浇水湿润，涂上白胶浆，固定好木模板，浇筑高于原混凝土强度等级的混凝土，压实抹光。对于面积大于 100mm×100mm、深度大于 20mm 的崩角，在使用上述方法前需对崩角位置进行植筋处理。

3. 预防措施

对 PC 构件进行侧模拆除时，应确保混凝土强度满足拆模要求，以避免表面棱角损伤，在预制构件脱模起吊时，应根据设计要求或具体生产条件确定抗压强度，并保证混凝土强度不低于 15MPa；拆模时注意保护棱角，避免用力过猛；模具边角位置清理干净，不得粘有灰浆等杂物；涂刷隔离剂需均匀，不得刷漏或积存；加强 PC 构件成品保护。

8.3 PC 构件生产质量过程控制

装配式结构与现浇钢筋混凝土结构在生产建造方面的全过程有着本质的区别。

8.3.1 生产质量控制内容

按 PC 构件生产全过程的不同阶段，其质量控制的主要内容可以分为以下几个方面。

（1）PC 构件的设计合理性，需从有利于 PC 构件制作生产和安装施工角度出发进行设计。

（2）建筑设计、结构设计阶段对 PC 构件的力学强度、长期耐久性、结构的可靠性、抗震性能、材料选用的合理性等方面的质量控制。

（3）PC 构件生产模具制造安装质量偏差、模具材质性能的控制，钢筋拼装、连接工艺，钢筋骨架尺寸，钢筋保护层厚度及预埋、连接件等主要装置的定位质量控制等。

（4）材料质量控制。PC 构件成型时所用钢筋、钢材、混凝土连接材料等原材料的配合比、数量、性能、质量稳定性的控制。

（5）PC 构件浇筑、振捣、养护方式的质量控制，PC 构件成品尺寸偏差、外观质量、钢筋保护厚度的质量控制等。

8.3.2 生产质量控制步骤

进行 PC 构件生产质量过程控制一般分为以下几个步骤进行。

1. 配件安装

配件包括预埋螺母（图 8-6）、预埋螺丝套筒（图 8-7）、吊钉、吊环、灯箱线管、其他预埋件等。在进行配件安装过程中需要注意吊点的吊铁规格，顶部支撑的位置和高度准确，丝母内要抹黄油防锈。

图 8-6 预埋螺母

图 8-7 预埋螺丝套筒

2. 线管安装

在安装线管时要注意灯管的驳接方法，首先灯管规格要满足图纸要求，其次顶面必须与混凝土顶面持平，第三要注意灯管与铁模间的混凝土保护层，图 8-8 为工人正在进行线管安装。

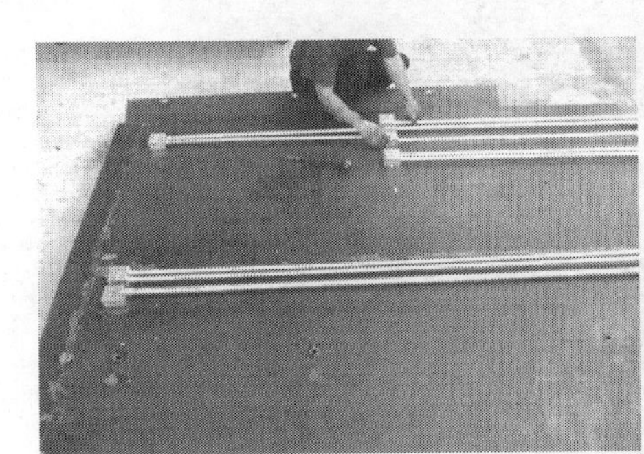

图 8-8 线管安装

3. 检查钢筋绑扎间距

在 PC 构件制作过程中，时刻关注绑扎的间距，做到钢筋分布平均合理，杜绝偷工减料，图 8-9 为技术人员对钢筋绑扎进行核查。

图 8-9 核查钢筋绑扎

4. 模具安装

模具安装过程中要注意安装的顺序，模具围边拼装和配件杆件拼装顺序遵循先内模再外模、先下后上的顺序，对于特殊部位，要求钢筋、预埋件先入模后组装，图 8-10 为底模及外侧立模安装，图 8-11 为配筋及模具安装。

图 8-10　底模及外侧立模安装

图 8-11　配筋及模具安装

5. 浇筑混凝土前检查

检查产品的内容有，核查钢筋外露长度、核查保护层厚度、核查装模后尺寸、核查预埋配件。

6. 成品修补

当存在PC构件需要修补的情况时，要注意修补材料的混合方法，修补前做好基底处理，以及裂缝、蜂窝、水眼等位置的修补。图8-12为工人正在进行PC构件修补。

图8-12 PC构件修补

7. 成品检查

在这个步骤中要注意PC构件成品尺寸是否符合图纸要求，预埋件是否遗漏，位置是否准确，产品编号是否符合图纸要求，预制件水洗位置是否符合要求，图8-13为技术人员正在对PC构件成品进行检查。

图8-13 PC构件成品检查

8. 出厂前检查

对PC构件外形尺寸、厚度、平整度有无裂缝等进行全面检查，做好记录，寻找原因和修补，图8-14为技术人员正在进行PC构件出厂前检查。

图 8-14　PC 构件出厂前检查

9. 保护包装，运输

出厂前产品尺寸核查无误，预埋配件核查无误，编号印章无误，清理干净后，方可交付运输，图 8-15 为 PC 构件装车运输。

图 8-15　PC 构件装车运输

8.4　PC 构件质量检验内容

现行的国家标准、行业标准及许多地方标准均给出了对装配式结构 PC 构件产品质量、实体性能、施工质量的具体要求和检验方法。然而这些规范大部分是沿用现浇混凝土结构的质量控制检验思路，在诸如 PC 构件成品的尺寸偏差、PC 构件结构性能、结构抗震要求等方面，由于缺乏实际数据或理论支撑，往往不具有代表性，因此，装配式建筑的施工、监理、第三方测量等技术人员对标准规范如何使用仍然存在诸多疑问。此外，对于钢筋连接可靠性、后浇混凝土密实性、套筒灌浆连接及其他灌浆的密实性等装配式结构节点的结构性能，采用目前主导的无损检测技术是否能够保证检测精度和可靠性，尚有待进一步完善和验证。

8.4.1 检验项目

本部分主要介绍PC构件制作过程各个环节的检验项目。

1. 材料进场检验

1）灌浆套筒

灌浆套筒的检验项目包括外观检查、抗拉强度试验，检查内容、依据以及相关检验方法见表8-1。

表8-1 灌浆套筒检验项目表

项目	检验内容	依据	性质	数量	检验方法
外观检查	是否有缺陷和裂缝、尺寸误差等	《钢筋套筒灌浆连接应用技术规程》（JGJ 355—2015）、《钢筋连接用灌浆套筒》（JG/T 398—2019）	一般项目	抽检	观察、钢尺检查
抗拉强度试验	钢筋套筒灌浆连接接头的抗拉强度不应小于连接钢筋抗拉强度标准值，且破坏时应断于接头外钢筋		主控项目（强制性规定）抽检		

2）水泥

水泥检验项目包括细度、比表面积、凝结时间、安定性、抗拉强度，检验方法、依据及检验标准见表8-2。

表8-2 水泥检验项目表

项目	检验方法	依据	性质	数量	检验标准
细度	筛析法	《通用硅酸盐水泥》（GB 175—2007）	主控项目	每500t抽样一次	《水泥细度检验方法 筛析法》（GB/T 1345—2005）
比表面积	透气试验				《水泥比表面积测定方法 勃氏法》（GB/T 8074—2008）
凝结时间	初凝及终凝试验				《水泥标准稠度用水量、凝结时间、安定性》（GB/T 1346—2011）
安定性	沸煮法试验				《水泥标准稠度用水量、凝结时间、安定性》（GB/T 1346—2011）
抗拉强度	3d、28d抗压强度				《水泥胶砂强度检验方法（ISO法）》（GB/T 17671—1999）

3）细骨料

细骨料检验项目包括颗粒级配、表观密度、含泥量、泥块含量，检验内容、依据及检验方法见表8-3。

表 8-3　细骨料检验项目表

项目	检验内容	依据	性质	数量	检验方法
颗粒级配	测定砂的颗粒级配，计算砂的细度模数，评定砂的粗细程度	《普通混凝土用砂、石质量及检验方法标准》（JGJ 52—2006）	一般项目	每 500m³抽样一次	《普通混凝土用砂、石质量及检验方法标准》（JGJ 52—2006）
表观密度	砂颗粒本身单位体积的质量				
含泥量、泥块含量	测定砂中的淤泥及含土量				

4）粗骨料

粗骨料检验项目包括颗粒级配、表观密度、含泥量、泥块含量、针片状含量、压碎，检验内容、依据及检验方法见表 8-4。

表 8-4　粗骨料检验项目表

项目	检验内容	依据	性质	数量	检验方法
颗粒级配	测定石子的颗粒级配，计算石子的细度模数，评定石子的粗细程度	《普通混凝土用砂、石质量及检验方法标准》（JGJ 52—2006）	一般项目	每 500m³抽样一次	《普通混凝土用砂、石质量及检验方法标准》（JGJ 52—2006）
表观密度	石子颗粒本身单位的质量				
含泥量、泥块含量、针片状含量	测定石子中的针片状含量、淤泥及含土量				
压碎	强度检验				

5）拌合用水

拌合用水检验项目包括 pH、不溶物、氯化物、硫酸盐，检验内容、依据及检验方法见表 8-5。

表 8-5　拌合用水检验项目表

项目	检验内容	依据	性质	数量	检验方法
pH、不溶物、氯化物、硫酸盐	饮用水不用检验，采用中水、搅拌站清洗水、施工现场循环水等其他水源时，应对其成分进行检验	《混凝土用水标准》（JGJ 63—2006）	一般项目	同一水源检查不应少于一次	《混凝土用水标准》（JGJ 63—2006）

6）外加剂

外加剂检验项目主要为检验外加剂的主要性能，检验内容、依据及检验方法见表 8-6。

表 8-6　外加剂检验项目表

项目	检验内容	依据	性质	数量	检验方法
主要性能	减水率、含气量、抗压强度比、对钢筋无锈蚀危害	国家标准《混凝土外加剂》（GB 8076—2008）和《混凝土外加剂应用技术规范》（GB 50119—2013）	一般项目	按同一厂家、同一品种、同一性能、同一批号且连续进场的混凝土外加剂，不超过 50t 为一批，每批抽样数最少不应少于一次	《混凝土外加剂》（GB 8076—2008）

7）混合料

混合料检验项目包括粉煤灰、矿渣、硅灰，检验内容、依据及检验方法见表8-7。

表8-7 混合料检验项目表

项目	检验内容	依据	性质	数量	检验方法
粉煤灰	细度、蓄水量	材料出厂合格证	一般项目	同一厂家、同一品种同一批次200t一批	检查质量证明文件和抽样检验报告
矿渣	细度、强度			200t一批	
硅灰	细度、强度、蓄水量			30t一批	

8）钢筋

钢筋检验项目包括一级钢、二级钢、三级钢、直径、重量，检验内容有屈服强度、抗拉强度、伸长率、弯曲性能和重量偏差检验，依据及检验方法见表8-8。

表8-8 钢筋检验项目表

项目	检验内容	依据	性质	数量	检验方法
一级钢、二级钢、三级钢、直径、重量	屈服强度、抗拉强度、伸长率、弯曲性能和重量偏差检验	材料出场材质单	主控项目	每60t检验一次	《钢筋混凝土用钢 第1部分：热轧光圆钢筋》（GB/T 1499.1—2017）、《钢筋混凝土用钢 第2部分：热轧带肋钢筋》（GB/T 1499.2—2018）、《钢筋混凝土用余热处理钢筋》（GB 13014—2013）、《钢筋混凝土用钢 第3部分：钢筋焊接网》（GB/T 1499.3—2010）、《冷轧带肋钢筋》（GB 13788—2017）、《高延性冷轧带肋钢筋》（YB/T 4260—2011）

9）钢绞线

钢绞线检验项目包括直径、重量，检验内容为拉伸试验，依据及检验方法见表8-9。

表8-9 钢绞线检验项目表

项目	检验内容	依据	性质	数量	检验方法
直径、重量	拉伸试验	材料出场材质单	主控项目	每60t检验一次	《预应力混凝土用钢绞线》（GB/T 5224—2014）

10）钢板、型钢

钢板、型钢检验项目包括长度、厚度、重量，检验内容有等级、重量，依据及检验方法见表8-10。

表8-10 钢板、型钢检验项目表

项目	检验内容	依据	性质	数量	检验方法
长度、厚度、重量	等级、重量	材料出场材质单	主控项目	每60t检验一次	尺量、检斤

11）预埋螺母、预埋螺栓、吊钉

预埋螺母、预埋螺栓、吊钉检验项目包括直径、长度、镀锌，检验内容包括外形尺寸符合PC预埋件图样要求，表面不应有出现锈皮及肉眼可见的锈蚀麻坑、油污及其他损伤，焊接良好，不得有咬肉、夹渣，依据及检验方法见表8-11。

表8-11　预埋螺母、预埋螺栓、吊钉检验项目表

项目	检验内容	依据	性质	数量	检验方法
直径、长度、镀锌	外形尺寸符合PC预埋件图样要求，表面不应有出现锈皮及肉眼可见的锈蚀麻坑、油污及其他损伤，焊接良好，不得有咬肉、夹渣	材料出场材质单	一般项目	抽样	按照PC预埋件图纸进行检验

12）拉结件

拉结件检验项目包括在混凝土中的锚固、抗拉强度、抗剪强度，检验内容有锚固长度、拉伸试验、抗剪试验，依据及检验方法见表8-12。

表8-12　拉结件检验项目表

项目	检验内容	依据	性质	数量	检验方法
在混凝土中的锚固	锚固长度	材料进场材质单	主控项目	抽样	尺量
抗拉强度	拉伸试验				实验室做试验
抗剪强度	抗剪试验				

13）保温材料

保温材料检验项目包括挤塑聚苯乙烯板、酚醛板，检验内容有外观质量、外表尺寸、黏附性能、阻燃性、耐低温性、耐高温性、耐腐蚀性、耐候性、高低温黏附性能、材料密度试验、热导率试验，依据及检验方法见表8-13。

表8-13　保温材料检验项目表

项目	检验内容	依据	性质	数量	检验方法
挤塑聚苯乙烯板、酚醛板	外观质量、外表尺寸、黏附性能、阻燃性、耐低温性、耐高温性、耐腐蚀性、耐候性、高低温黏附性能、材料密度试验、热导率试验	材料进场材质单	一般项目	抽样	实验室做试验

14）建筑、装饰材料

建筑、装饰一体化构件用到的建筑、装饰材料（如门窗、石材等）检验项目主要包括外观尺寸、质量。门窗质量检验内容主要包括外观尺寸、气密性、水密性、抗风压性能；石材等装饰面材质量检验内容主要包括外观尺寸、表面光洁度，依据及检验方法见表8-14。

表8-14　建筑、装饰材料检验项目表

项目	检验内容	依据	性质	数量	检验方法
外观尺寸、质量	门窗检验外观尺寸、气密性、水密性、抗风压性能；石材等检验外观尺寸、表面光洁度	材料进场材质单	一般项目	抽样	抽样检验

2. 制作过程

1）钢筋加工

钢筋加工检验项目包括钢筋型号、直径、长度、加工精度，检验内容有检验钢筋型号、直径、长度、弯曲角度，依据及检验方法见表8-15。

表8-15 钢筋加工检验项目表

项目	检验内容	依据	性质	数量	检验方法
钢筋型号、直径、长度、加工精度	检验钢筋型号、直径、长度、弯曲角度	《钢筋混凝土用钢 第2部分：热轧带肋钢筋》（GB/T 1499.2—2018）	主控项目	全数	对照图样进行检验

2）钢筋安装

钢筋安装检验项目包括安装位置、保护层大小，检验内容为按制作图样检验，依据及检验方法见表8-16。

表8-16 钢筋安装检验项目表

项目	检验内容	依据	性质	数量	检验方法
安装位置、保护层大小	按制作图样检验	《钢筋混凝土用钢 第2部分：热轧带肋钢筋》（GB/T 1499.2—2018）	主控项目	全数	按照图样要求进行安装

3）伸出钢筋

伸出钢筋检验项目包括位置、钢筋直径、伸出长度的误差，检验内容为按制作图样检验，依据及检验方法见表8-17。

表8-17 伸出钢筋检验项目表

项目	检验内容	依据	性质	数量	检验方法
位置、钢筋直径、伸出长度的误差	按制作图样检验	《钢筋混凝土用钢 第2部分：热轧带肋钢筋》（GB/T 1499.2—2018）	主控项目	全数	对照图样用尺测量

4）套筒安装

套筒安装检验项目包括套筒直径、套筒位置及注浆孔是否通畅，检验内容为检验套筒是否按照图样安装，依据及检验方法见表8-18。

表8-18 套筒安装检验项目表

项目	检验内容	依据	性质	数量	检验方法
套筒直径、套筒位置及注浆孔是否通畅	检验套筒是否按照图样安装	制作图样	主控项目	全数	对照图样用尺测量、目测

5）预埋件安装

预埋件安装检验项目包括预埋件型号、位置，检验内容有安装位置、型号、埋件长度，依据及检验方法见表 8-19。

表 8-19　预埋件安装检验项目表

项目	检验内容	依据	性质	数量	检验方法
预埋件型号、位置	安装位置、型号、埋件长度	制作图样	主控项目	全数	对照图样用尺测量

6）预留孔洞

预留孔洞安装检验项目包括安装孔、预留孔，检验内容有位置、大小，依据及检验方法见表 8-20。

表 8-20　预留孔洞检验项目表

项目	检验内容	依据	性质	数量	检验方法
安装孔、预留孔	位置、大小	制作图样	主控项目	全数	对照图样用尺测量

7）混凝土拌合物

混凝土拌合物检验项目为混凝土配合比，检验内容为混凝土搅拌过程中检验，依据及检验方法见表 8-21。

表 8-21　混凝土拌合物检验项目表

项目	检验内容	依据	性质	数量	检验方法
混凝土配合比	混凝土搅拌过程中检验	《混凝土结构工程施工质量验收规范》（GB 50204—2015）	主控项目	全数	实验室人员全程跟踪检验

8）混凝土强度

混凝土强度检验项目包括试块强度、构件强度，检验内容有同批次试块强度、构件回弹强度，依据及检验方法见表 8-22。

表 8-22　混凝土强度检验项目表

项目	检验内容	依据	性质	数量	检验方法
试块强度、构件强度	同批次试块强度、构件回弹强度	《混凝土结构工程施工质量验收规范》（GB 50204—2015）	主控项目	100m³取样不少于一次	实验室力学检验、回弹仪检验

9）脱模强度

脱模强度检验项目为混凝土构件脱模前强度，检验内容为检验在同期条件下制作及养护的试块强度，依据及检验方法见表 8-23。

表 8-23 脱模强度检验项目表

项目	检验内容	依据	性质	数量	检验方法
混凝土构件脱模前强度	检验在同期条件下制作及养护的试块强度	《混凝土结构工程施工质量验收规范》（GB 50204—2015）	一般项目	不少于1组	实验室力学试验

10）混凝土其他力学性能

混凝土其他力学性能检验项目包括抗拉、抗折、静力受压、表面硬度，检验内容为同批次生产构件用混凝土取样，在实验室做试验，依据及检验方法见表 8-24。

表 8-24 混凝土其他力学性能检验项目表

项目	检验内容	依据	性质	数量	检验方法
抗拉、抗折、静力受压、表面硬度	同批次生产构件用混凝土取样，在实验室做试验	《混凝土物理力学性能试验方法标准》（GB/T 50081—2019）	主控项目	抽查	实验室力学试验

11）养护性能

养护性能检验项目包括时间、温度，检验内容为查看养护时间及养护温度，依据及检验方法见表 8-25。

表 8-25 养护性能检验项目表

项目	检验内容	依据	性质	数量	检验方法
时间、温度	查看养护时间及养护温度	根据工厂制定出的养护方案	一般项目	抽查	计时及温度检查

12）表面处理

表面处理检验项目包括污染、掉角、裂缝，检验内容为检验构件表面是否有污染或缺棱掉角，依据及检验方法见表 8-26。

表 8-26 表面处理检验项目表

项目	检验内容	依据	性质	数量	检验方法
污染、掉角、裂缝	检验构件表面是否有污染或缺棱掉角	工厂制定的构件验收标准	一般项目	全数	目测

3. 构件检验

1）套筒

套筒检验项目为位置误差，检验内容有型号、位置、注浆孔是否堵塞，依据及检验方法见表 8-27。

表 8-27 套筒检验项目表

项目	检验内容	依据	性质	数量	检验方法
位置误差	型号、位置、注浆孔是否堵塞	制作图样	主控项目	全数	插入模拟的伸出钢筋检验模板

2）伸出钢筋

伸出钢筋检验项目包括位置、直径、种类、伸出长度，检验内容有型号、位置、长度，依据及检验方法见表 8-28。

表 8-28 伸出钢筋检验项目表

项目	检验内容	依据	性质	数量	检验方法
位置、直径、种类、伸出长度	型号、位置、长度	制作图样	主控项目	全数	尺量

3）保护层厚度

保护层厚度检验内容为检验保护层厚度是否达到图样要求，依据及检验方法见表 8-29。

表 8-29 保护层厚度检验项目表

项目	检验内容	依据	性质	数量	检验方法
保护层厚度	检验保护层厚度是否达到图样要求	制作图样	主控项目	抽查	保护层厚度检测仪

4）严重缺陷

严重缺陷检验项目包括纵向受力钢筋有露筋、主要受力部位有蜂窝、孔洞、夹渣、疏松、裂缝，检验内容为检验构件外观，依据及检验方法见表 8-30。

表 8-30 严重缺陷检验项目表

项目	检验内容	依据	性质	数量	检验方法
纵向受力钢筋有露筋、主要受力部位有蜂窝、孔洞、夹渣、疏松、裂缝	检验构件外观	制作图样	主控项目	全数	目测

5）一般缺陷

一般缺陷检验项目包括少量露筋、蜂窝、孔洞、夹渣、疏松、裂缝，检验内容为检验构件外观，依据及检验方法见表 8-31。

表 8-31 一般缺陷检验项目表

项目	检验内容	依据	性质	数量	检验方法
少量露筋、蜂窝、孔洞、夹渣、疏松、裂缝	检验构件外观	制作图样	一般项目	全数	目测

6）尺寸偏差

尺寸偏差检验项目为构件外形尺寸，检验内容为检验构件尺寸是否与图样要求一致，依据及检验方法见表8-32。

表8-32 尺寸偏差检验项目表

项目	检验内容	依据	性质	数量	检验方法
构件外形尺寸	检验构件尺寸是否与图样要求一致	制作图样	一般项目	全数	用尺测量

7）受弯构件结构性能

受弯构件结构性能检验项目包括承载力、挠度、裂缝，检验内容包括承载力、挠度、抗裂、裂缝宽度，依据及检验方法见表8-33。

表8-33 受弯构件结构性能检验项目表

项目	检验内容	依据	性质	数量	检验方法
承载力、挠度、裂缝	承载力、挠度、抗裂、裂缝宽度	《混凝土结构工程施工质量验收规范》（GB 50204—2015）	主控项目	1000件不超过3个月的同类型产品为一批	构件整体受力试验

8）粗糙面

粗糙面检验项目为粗糙度，检验内容为预制板粗糙面凹凸深度不应小于4mm，预制梁端、预制柱端、预制墙端粗糙面凹凸深度不应小于6mm，粗糙面的面积不宜小于结合面的80%，依据及检验方法见表8-34。

表8-34 粗糙面检验项目表

项目	检验内容	依据	性质	数量	检验方法
粗糙度	预制板粗糙面凹凸深度不应小于4mm，预制梁端、预制柱端、预制墙端粗糙面凹凸深度不应小于6mm，粗糙面的面积不宜小于结合面的80%	《混凝土结构设计规范（2015年版）》（GB 50010—2010）	一般项目	全数	目测及尺量

9）键槽

键槽检验项目为渗漏，检验内容为淋水试验应满足下列要求：淋水流量不应小于5L/（m·min），淋水试验时间不应少于2h，检测区域不应有遗漏部位；淋水试验结束后，检查背水面有无渗漏。依据及检验方法见表8-35。

表8-35 键槽检验项目表

项目	检验内容	依据	性质	数量	检验方法
渗漏	淋水试验应满足下列要求：淋水流量不应小于5L/（m·min），淋水试验时间不应少于2h，检测区域不应有遗漏部位；淋水试验结束后，检查背水面有无渗漏	《建筑幕墙气密、水密、抗风压性能检测方法》（GB/T 15227—2007）	一般项目	抽查	淋水检验

10）构件标识

构件标识检验内容包括标识上应注明构件编号、生产日期、使用部位、混凝土强度、生产厂家，依据及检验方法见表 8-37。

表 8-36　构件标识检验项目表

项目	检验内容	依据	性质	数量	检验方法
构件标识	标识上应注明构件编号、生产日期、使用部位、混凝土强度、生产厂家	按照构件编号、生产日期等	一般项目	全数	逐一对标识进行检查

8.4.2　见证检验项目

见证检验是在监理和建设单位见证下，按照有关规定从制作现场随机取样，送至具备相应资质的第三方检测机构进行检验。见证检验也称为第三方检验。预制构件见证检验包括以下项目。

（1）混凝土强度试块取样检验。

（2）钢筋取样检验。

（3）钢筋套筒取样检验。

（4）拉结件取样检验。

（5）预埋件取样检验。

（6）保温材料取样检验。

8.4.3　PC 构件严重缺陷标准

PC 构件外观不应有严重缺陷，且不应有影响结构性能和安装、使用功能的尺寸偏差。

根据《混凝土结构工程施工质量验收规范》（GB 50204—2015）规定，PC 构件严重缺陷检查为主控项目，全数检查，用观察、尺量方式检查，做检查记录，详见表 8-37。

表 8-37　PC 构件常见外观质量缺陷表

名称	现象	严重缺陷	一般缺陷
露筋	构件内钢筋未被混凝土包裹而外露	纵向受力钢筋有露筋	其他钢筋有少量露筋
蜂窝	混凝土表面缺少水泥砂浆而形成石子外露	构件主要受力部位有蜂窝	其他部位有少量蜂窝
孔洞	混凝土中孔穴深度和长度均超过保护层厚度	构件主要受力部位有孔洞	其他部位有少量孔洞
夹渣	混凝土中有杂物且深度超过保护层厚度	构件主要受力部位有夹渣	其他部位有少量夹渣
疏松	混凝土局部不密实	构件主要受力部位有疏松	其他部位有少量疏松
裂缝	裂缝从混凝土表面延伸至混凝土内部	构件主要受力部位有影响结构性能或使用功能的裂缝	其他部位有少量不影响结构性能或使用功能的裂缝
连接部位缺陷	构件连接处混凝土有缺陷或连接钢筋、连接件松动	连接部位有影响结构传力性能的缺陷	连接部位有基本不影响结构传力性能的缺陷

续表

名称	现象	严重缺陷	一般缺陷
外形缺陷	缺棱掉角、棱角不直、翘曲不平、飞边凸肋等	清水混凝土构件有影响使用功能或装饰效果的外形缺陷	其他混凝土构件有不影响使用功能的外形缺陷
外表缺陷	构件表面麻面、掉皮、起砂、沾污等	具有重要装饰效果的清水混凝土构件有外表缺陷	其他混凝土构件有不影响使用功能的外表缺陷

注：此表引自《混凝土结构工程施工质量验收规范》(GB 50204—2015)。

8.4.4 PC 构件尺寸允许偏差及检验方法

PC 构件的尺寸允许偏差及检验方法应符合表 8-38 的规定。设计有专门规定时，尚应符合设计要求，施工过程中临时使用的预埋件，其中心线位置允许偏差可取表 8-38 中规定数值的 2 倍。

表 8-38　PC 构件的尺寸允许偏差及检验方法

项目			允许偏差/mm	检验方法
长度	楼板、梁、柱、桁架	＜12m	±5	尺量
		≥12m 且＜18m	±10	
		≥18m	±20	
	墙板		±4	
宽度、高（厚）度	楼板、梁、柱、桁架		±5	尺量一端及中部，取其中偏差绝对值较大处
	墙板		±4	
表面平整度	楼板、梁、柱、墙板内表面		5	2m 靠尺和塞尺量测
	墙板外表面		3	
侧面弯曲	楼板、梁、柱		L/750 且≤20	拉线、直尺量测最大侧向弯曲处
	墙板、桁架		L/1000 且≤20	
翘曲	楼板		L/750	调平尺在两端量测
	墙板		L/1000	
对角线	楼板		10	尺量两个对角线
	墙板		5	
预留孔	中心线位置		5	尺量
	孔尺寸		±5	
预留洞	中心线位置		10	尺量
	洞口尺寸、深度		±10	
预埋件	预埋板中心线位置		5	尺量
	预埋板与混凝土面平面高差		0，−5	
	预埋螺栓		2	
	预埋螺栓外露长度		+10，−5	
	预埋套筒、螺母中心线位置		2	
	预埋套筒、螺母与混凝土面平面高差		±5	
预留插筋	中心线位置		5	尺量
	外露长度		+10，−5	

续表

项目		允许偏差/mm	检验方法
键槽	中心线位置	5	尺量
	长度、宽度	±5	
	深度	±10	

注：此表引自《混凝土结构工程施工质量验收规范》（GB 50204—2015）。

构件外装饰外观应符合要求。检查数量：全数检查。检验方法：观察、钢尺检查，见表 8-39。

表 8-39 构件外装饰允许偏差与检验方法

外装饰种类	项目	允许偏差/mm	检验方法
通用	表面平整度	2	2m 靠尺或塞尺检查
石材和面砖	立面垂直度	3	2m 水准尺检查
	阳角方正	2	用托线板检查
	上口平直	2	拉通线用钢尺检查
	接缝平直	3	用钢尺或塞尺检查
	接缝深度	±5	
	接缝宽度	±2	用钢尺检查

注：当采用计数检验时，除有专门要求外，合格点率应达到 85%及以上且不得有严重缺陷，可以评定为合格。

门框和窗框安装位置允许偏差见表 8-40，检查数量：全数检查。检验方法：观察、钢尺检查。

表 8-40 门框和窗框安装位置允许偏差与检验方法

项目	允许偏差/mm	检验方法
门窗框定位	±1.5	钢尺检查
门窗框对角线	±1.5	钢尺检查
门窗框水平度	±1.5	钢尺检查

注：当采用计数检验时，除有专门要求外，合格点率应达到 80%及以上，且不得有严重缺陷，可以评定为合格。

8.4.5 套筒灌浆抗拉试验

套筒连接的单体试验应满足下列要求。

（1）单体试验的试件是用套筒连接注入灌浆料把两根钢筋连接成一体，套筒连接设在试件的中间。

（2）单体试验项目有单向拉伸试验、单向反复试验，弹性范围内正负反复试验和塑性范围内正负反复试验。

（3）试件标距取套筒连接长度加两侧钢筋直径的 1/2 或 20mm 的最大值。根据试件标距和试验机夹具类型确定试件长度，试件长度应小于 500mm。

套筒抗拉试验加载方法见表 8-41。

表 8-41　套筒抗拉试验加载方法

试验项目		加载方法
单向拉伸试验		0→$0.6f_{yk}$→f_{yk}→断裂
单向拉伸反复试验		0→（$0.02f_{yk}$→$0.95f_{yk}$）→破损 （重复 30 次）
弹性拉压反复荷载试验		0→（$0.95f_{yk}$→$-0.5f_{yk}$）→破坏 （重复 20 次）
塑性拉压反复荷载试验	SA 级套筒连接	0→（$2\varepsilon_{yk}$→$-0.5f_{yk}$）→（$5\varepsilon_{yk}$→$-0.5f_{yk}$）→破坏 （重复 4 次）　（重复 4 次）
	A 级套筒连接	0→（$2\varepsilon_{yk}$→$-0.5f_{yk}$）→破坏 （重复 4 次）

注：f_{yk} 为钢筋屈服标准值。

8.4.6　预埋件、预留孔检验

预埋件、预留孔允许偏差与检验方法见表 8-42 和表 8-43。

表 8-42　预埋件允许偏差与检验方法

项目		允许偏差/mm	检验方法
预埋件（插筋、螺栓、吊具等）	中心线位置	±5	钢尺检查
	外露长度	+10，0	钢尺检查且满足连接套筒施工误差要求
	安装垂直度	1/40	拉水平线、竖直线测量两端差值且满足施工误差要求

注：此表引自《混凝土结构工程施工质量验收规范》（GB 50204—2015）。

表 8-43　预留孔允许偏差与检验方法

项目		允许偏差/mm	检验方法
预留孔洞	中心线位置	10	钢尺检查
	尺寸	+10，0	钢尺检查

注：此表引自《混凝土结构工程施工质量验收规范》（GB 50204—2015）。

8.5　PC 构件工厂质量检验程序

8.5.1　材料检验程序

（1）进厂材料必须有材料生产厂家的合格证、材质化验单等资料。

（2）材料验收人员应以书面通知单的方式通知实验室。

（3）实验室接到通知后，应派出具有材料检测资质的人员按相关标准规定抽取样品。

（4）验收核查厂家提供的质量合格证书和化验单等技术数据。

（5）样品应明确标识样品生产企业名称、品种、强度等级、生产日期、批号及代表数量、取样日期、样品检验状态。

（6）按照该材料现行有效标准，对样品进行各项指标检测。

（7）检测应有两人在场：一人检测、一人复核，数据要当时记录在原始记录本上。

（8）记录数据书写错误，不准涂改。只准许划改并要有划改人签名或盖章。

（9）按该材料现行有效的标准对检测数据进行评定。

（10）评定结果应以书面报告形式通知仓库保管员，该材料是合格还是不合格。

（11）及时整理供应厂家的技术质量资料并归档保存，记录原材料管理台账。

8.5.2 制作过程检验程序

（1）组模、涂刷脱模剂（或粗糙面缓凝剂）、钢筋制作、钢筋安装、套筒安装、预埋件安装等环节，必须检验合格（需要拍照或做隐蔽工程验收记录的必须完成拍照和隐蔽工程验收记录的签署）后才能进行下道工序；下一道工序作业指令须经质检员同意并签字后方可下达。

（2）预制构件各个作业环节的工票（或计件统计）应由质检员签字确认。

（3）混凝土试块达到脱模强度，实验室须通过书面或网络（如微信）给出脱模指令，作业班组才可以脱模。

8.5.3 PC 构件检验程序

（1）PC 构件制作完成后，须进行 PC 构件检验，包括缺陷检验、尺寸偏差检验、套筒位置检验、伸出钢筋检验等。

（2）全数检验的项目，每个 PC 构件应当有一个综合检验单，就像体检表一样；每完成一项检验，检验者签字确认一项；各项检验完成并合格后，填写合格证，并在 PC 构件上做出标识。

（3）有合格标识的 PC 构件才可以出厂。

8.6 PC 构件验收文件与记录

PC 构件制作环节的文件与记录是工程验收文件与记录的一部分。辽宁省地方标准《装配式混凝土结构构件制作、施工与验收规程》（DB21/T 2568—2016）列出了十项文件与记录。

（1）经原设计单位确认的 PC 构件深化设计图、变更记录。

（2）钢筋套筒灌浆连接、浆锚搭接连接形式检验合格报告。

（3）PC 构件混凝土用原材料、钢筋、灌浆套筒、连接件、吊装件、预埋件、保温板等产品合格证和复检试验报告。

（4）灌浆套筒连接接头抗拉强度检验报告。

（5）混凝土强度检验报告。

（6）PC 构件出厂检验表。

（7）PC 构件修补记录和重新检验记录。

（8）PC 构件出厂质量证明文件。

（9）PC 构件运输、存放、吊装全过程技术要求。

（10）PC 构件生产过程台账文件。

以预制外墙为例，一般收货标准如下。

（1）产品尺寸允许误差范围：长±3mm，宽±3mm，厚±3mm。

（2）装修标准：外墙装修 1.2m 长压尺测量表面误差不能超过 3mm，同时灯箱位水泥浆必须清扫干净。

（3）预留孔（图 8-16）、窗位等必须符合尺寸要求。预留孔尺寸，必须符合图纸所给的尺寸，排水地漏必须用玻璃胶进行封口，以防漏水现象出现。

图 8-16 预留孔位置

（4）产品编号，必须保证清楚工整（图 8-17）。

（5）产品的清洁，出货前保证产品的清洁，方可交付验收（图 8-18）。

图 8-17　PC 构件产品编号

图 8-18　PC 构件清扫

8.7　PC 构件工厂实验室配置

PC 构件工厂必须设立实验室，具有满足 PC 构件原材料检验、制作过程检验和产品检验的基本能力，配备专业实验人员和基本试验设备。

8.7.1　试验能力

PC 构件工厂试验项目见表 8-44。

表 8-44　PC 构件工厂试验项目表

序号	试验项目	序号	试验项目	序号	试验项目
1	水泥胶砂强度	7	砂的含泥量	13	混凝土拌合物密度
2	水泥标准稠度用水数量	8	碎石或卵石的颗粒级配	14	混凝土抗压强度
3	水泥凝结时间	9	碎石或卵石中针片状和片状颗粒含量	15	混凝土拌合物凝结时间
4	水泥安定性	10	碎石或卵石的压碎指标	16	混凝土配合比设计实验
5	水泥细度	11	碎石或卵石的含泥量	17	钢筋室温拉伸性能
6	砂的颗粒级配	12	混凝土坍落度	18	冻融试验

8.7.2　实验室人员与设备配备

实验室人员配备见表 8-45。

表 8-45　实验室人员配备表

岗位	人数
主任	1
试验员	4
资料员	1

PC 构件工厂实验室设备配置见表 8-46。

表 8-46 PC 构件工厂实验室设备配置表

设备编号	设备名称	设备参考型号
1	水泥全自动压力试验机	DYE-300
2	混凝土压力试验机	DYE-2000
3	水泥胶砂搅拌机	JJ-5
4	水泥净浆搅拌机	NJ-160B
5	水泥胶砂试体成型振实台	ZS-15
6	水泥试体恒温恒湿养护箱	YH-40B
7	混凝土拌合物维勃稠度仪	HCY-A
8	混凝土标准养护室恒温恒湿程式仪	BYS-40
9	水泥恒温水养箱控制仪	YH-20
10	钢筋标点仪	GJBDY-400
11	水泥细度负压筛析仪	FSY-150
12	万能试验机	WE600B
13	电子天平	TD-10002
14	电子秤	ACS-A
15	雷氏测定仪	LD-50
16	混凝土振实台	1000mm×1000mm
17	混凝土强制型搅拌机	HJW-60
18	保护层厚度测定仪	SRJX-4-13
19	自动调压混凝土抗渗仪	HP-4.0
20	雷式沸煮箱	FZ-31
21	振击式标准振筛机	ZBSX-92A
22	净浆标准稠度及凝结时间测定仪	国家标准
23	冷冻箱	国家标准
24	砂石标准筛	ZBSX-92A
25	水泥抗压夹具	40mm×40mm
26	电热恒温干燥箱	101-2
27	混凝土贯入阻力仪	HG-80
28	水泥抗折试验机	KZY-500
29	针片状规准仪	国家标准
30	坍落度筒	国家标准
31	新标准十字压碎指标测定仪	国家标准
32	钢尺板	国家标准
33	游标卡尺	国家标准
34	温湿计	国家标准
35	智能型带肋钢丝测力仪	ZL-5b

思　考　题

1. PC 构件在生产过程中有哪些常见问题?

2. PC 构件生产质量控制一般分几个步骤进行?

3. 见证检验是在监理和建设单位见证下，按照有关规定从制作现场随机取样，见证检验也称什么? PC 构件见证检验项目包括哪些?

参 考 文 献

卞建民，2019. 预制构件混凝土质量控制中试验室工作要点[J]. 江西建材，5：26-28.

常春光，常仕琦，2019. 装配式建筑预制构件的运输与吊装过程安全管理研究[J]. 沈阳建筑大学学报（社会科学版），21（2）：141-147.

陈刚，2009. 预拌混凝土运送时间对强度的影响[J]. 水泥与混凝土，（3）：34-35.

陈建奎，王栋民，2000. 高性能混凝土（HPC）配合比设计新法——全计算法[J]. 硅酸盐学报，28（2）：194-198.

程春森，王晓锋，郑毅敏，2016. 预制混凝土构件脱模验算国内外标准对比[J]. 施工技术，45（9）：46-48.

方爱斌，2018. 预制构件厂厂区规划及生产线工艺布局建设[J]. 建筑施工，40（12）：2199-2201.

郭学明，2017. 装配式混凝土结构建筑的设计、制作与施工[M]. 北京：机械工业出版社.

郭学明，2018. 装配式混凝土建筑制作与施工[M]. 北京：机械工业出版社.

郭学明，2018. 装配式混凝土建筑——构件工艺设计与制作 200 问[M]. 北京：机械工业出版社.

郭子豪，贾志峰，2019. 寒冷地区装配式混凝土建筑外墙保温设计研究[J]. 中外建筑，4（1）：220-222.

韩瑜，季岚松，范晋，2018. 装配式建筑结构工程质量控制及现场检测技术探讨[J]. 工业建筑，（48）：860-862.

黄天祥，2018. 无缝装配式建筑技术发展[M]. 长春：吉林人民出版社.

黄营，2019. 装配式混凝土建筑口袋书[M]. 北京：机械工业出版社.

江勇，2015. 小型混凝土预制构件数控生产线技术研究与应用[J]. 物流工程与管理，8（37）：116-117.

蒋勤俭，黄清杰，2019. 彩色混凝土饰面外墙板关键技术研究[J]. 装饰混凝土，5（119）：38-44.

李瑞敏，张健，李安国，2013.吊环螺钉的强度校核及正确使用[J]. 机床与液压，16（41）：172-173.

李上志，金伟，2018. 建筑预制构件的工业化生产[J]. 施工技术与测量技术，3（38）：210-211.

李一凡，2012. 浅谈装配式建筑在国外的发展 [J]. 土木工程建造管理，（7）：123-125.

廉慧珍，路新瀛，2001. 按耐久性设计高性能混凝土的原则和方法[J]. 建筑技术，32（1）：8-11.

刘志明，雷春梅，2018. 装配式构件生产线和生产工艺研究[J]. 混凝土与水泥制品，（3）：76-78.

马玉锰，2017. 混凝土预制构件蒸汽养护工艺的探讨[J]. 绿色环保建筑，5（25）：4-6.

秦翻萍，2020. 装配式建筑混凝土预制构件部品基地规划设计的思考[J]. 装配式建筑，（2）：58-62.

屈雪芬，2019. 新型装配式建筑 PC 构件模板设计及施工技术研究[J]. 建筑节能，（3）：191-192.

唐大为，2018. 日本 PC 构件厂模式研究——琦玉县滑川工厂模式解析[J]. 住宅与房地产，6：26-29.

万超，曾志兴，2009. 基于耐久性的高性能混凝土配合比设计方法[J]. 建筑科学，25（5）：77-80.

王宝申，2018. 装配式建筑建造构件生产[M]. 北京：中国建筑工业出版社.

王德怀，陈肇元，1996. 高性能混凝土的配合比设计[J]. 混凝土，（3）：4-10.

王建奇，李海霞，王梅英，2016. 20 钢吊环螺钉断裂分析[J]. 大型铸锻件，6（4）：37-39.

王晓明，万红江，游江林，2013. 建筑节能检测之常用保温材料检测[J]. 科技资讯，4（10）：98.

王元纲，李杰，周文娟，2018. 土木工程材料[M]. 2 版.北京：人民交通出版社.

魏明超，2015. 有关建筑节能检测中常用保温材料分析[J]. 信息化建设，9：337.

吴朝辉，吴勇，2018. 预制混凝土构件常见外观质量问题及预防措施[J]. 城市住宅，25（11）：52-54.

吴杰，2010. 住宅产业化之 PC 构件的精度控制及保护技术研究[J]. 建筑施工，32（5）：449-451.

吴中伟，廉慧珍，1999. 高性能混凝土[M]. 北京：中国铁道出版社.

辛延峰，2017. 小型构件预制施工技术总结[J]. 公路，12（12）：38-42.
杨远鹏，张振京，2018. 预制装配式管廊预制构件制作技术[J]. 技术分析，8：116-117.
叶豪，2015. 建筑节能检测之常用保温材料检测探讨[J]. 建材与装饰，（49）：63-64.
翟雨亭，2012. 永久性水泥基墙体模板的支撑体系研究[D]. 北京：北方工业大学.
张金树，王春长，2017. 装配式建筑混凝土预制构件生产与管理[M]. 北京：中国建筑工业出版社.
张龙琼，张航，陈国福，2016. 装配式混凝土结构质量控制与检验[J]. 工程质量，34（7）：19-23.
张旭，2018. 地铁装配式车站预制构件吊装技术研究[J]. 建筑技术开发，45（6）：37-39.
赵勇，王晓锋，2013.预制混凝土构件吊装方式与施工验算[J]. 住宅产业，（Z1）：60-63.
朱文祥，许锦峰，张海遐，2019. 预制混凝土构件的常见质量缺陷与修复措施[J]. 混凝土，5(355)：115-118.
Bache H H，1981. Densified Cement/Ultrafine Particle-Based Materials[C]. Second International Conference on Super-Plasticizer in Concrete，Ottawa.
de Larrard F，1993. A Survey of Recent Researches Performed in the French “LCPC” Network on High Performance Concrete [J]. Proceedings of High Strength Concrete，Lillehammer，Norway：20-24.
Moranville-Regourd M，1992. Microstructure of High Performance Concrete[M]//Malier Y. High Performance Concrete—From Material to Structure. London：E & FN Spon.